· 中小学生科学阅读文库 ·

星星为什么会眨眼

《中小学生科学阅读文库》编写组　组编

南京师范大学出版社
NANJING NORMAL UNIVERSITY PRESS

图书在版编目（C I P）数据

星星为什么会眨眼 / 《中小学生科学阅读文库》编写组组编. — 南京 : 南京师范大学出版社，2012.6
（中小学生科学阅读文库）
ISBN 978-7-5651-0257-8

Ⅰ. ①星… Ⅱ. ①中… Ⅲ. ①星系－青年读物 ②星系－少年读物 Ⅳ. P15-49

中国版本图书馆CIP数据核字(2012)第079142号

书　　名　星星为什么会眨眼
组　　编　《中小学生科学阅读文库》编写组
责任编辑　王　安　王礼祥
出版发行　南京师范大学出版社
地　　址　江苏省南京市宁海路122号(邮编:210097)
电　　话　(025)83598077(传真) 83598412(营销部) 83598297(邮购部)
网　　址　http://www.njnup.com
电子信箱　nspzbb@163.com
照　　排　南京凯建图文制作有限公司
印　　刷　兴化印刷有限责任公司
开　　本　787毫米×960毫米　1/16
印　　张　7
字　　数　84千
版　　次　2012年6月第1版　2012年6月第1次印刷
印　　数　1～4 000册
书　　号　ISBN 978-7-5651-0257-8
定　　价　13.50元

出 版 人　彭志斌

序 Preface

科学是什么？

就科学的外延来看，有自然科学、社会科学和人文科学三大门类。这是广义上的科学，我们这里讲狭义上的科学，指自然科学。自然科学主要是以求取自然世界的“本真”为目的的。由此我们不难发现科学的价值在于“求真”——使我们尽可能地认识最客观的世界，不仅是表面的世界，而且是内在联系着的，具有各种规律的世界。进而可以推演出科学的另一个 价值——改变和创造，人类可以根据正确的认识和内在的规律创造出先进的生产力。正是科学的发展，带来了日新月异的变化、翻天覆地的奇迹。千百年来，人们为科学的这种无与伦比的力量而震撼，为科学应用所创造的奇迹而惊讶，为隐身于世界内部的各种科学规律而吸引，为探究规律过程中的种种曲折而痴迷，为发现或者贴近规律而喜悦。

科学史研究之父萨顿在其所著《科学史和新人文主义》中文版序言中说：“（人们）大多数只是从科学的物质成就上去理解科学，而忽视了科学在精神方面的作用。科学对人类的功能绝不只是能为人类带来物质上的利益，那只是它的副产品。科学最宝贵的价值不是这些，而是科学的精神，是一种崭新的思想意识，是人类精神文明中最宝贵的一部分……”萨顿告诉我们科学不仅仅是科学知识本身，在某种程度上，科学更重要的价值是科学思想、科学方法和科学精神。中国科学院院长路甬祥概括了科学精神的内涵，包括“理性求知精神、实证求真精神、质疑批判精神、开拓创新精神”等四个方面。事实就是这样，人不是知识的容器，他不可能掌握所有的知识、认识所有的真理，然而科学思想、科学方法和科学精神却能引领一个人一步步接近真理，而且能够使他正确地运用科学，使科学为人类造福，而不是走向反面。

这些综合起来就是当下社会所倡导的人的科学素养。科学素养不仅关系到公民个体生存发展的方方面面，还关系到一个民族、一个国家的未来。人民日报曾经发表过一篇社论，社论说："公众素养是科技发展的土壤。离开了这个群众基础，即使我们能够实现'上天入地'，也很难持续不断地推动创新。"提高公众的科学素养是我们当下较为紧迫的任务，而教育应该是完成这一任务最为主要的途径。欣喜的是，我们的教育已经关注到了这一点。新修订的《义务教育初中科学课程标准》明确指出："具备基本的科学素养是现代社会合格公民的必要条件，是学生终身发展的必备基础。科学素养包含多方面的内容，一般指了解必要的科学技术知识，掌握基本的科学方法，树立科学思想，崇尚科学精神，并具备一定的应用它们处理实际问题、参与公共事务的能力。"应该说，这是对科学素养的一种立体诠释。

问题在于我们的学校科学素养教育应该如何开展？仅凭学校开设的自然和科学，甚或数理化等课程是不够的，即便这些课程已经尽力关注并安排了科学思想和科学精神的内容，但限于课时、限于课程结构体系，无法让学生在完成课业目标的同时从科学认知走进科学情意，也无法让学生在学习知识方法的同时加强科学价值观的培养，学生甚至难以体会到科学精神在日常生活中的应用，更不用说在社会生活中的应用了。南京师范大学出版社推出的《中小学生科学阅读文库》当是一个有益的尝试——让学生在阅读中享受科学的乐趣，在潜移默化中感悟科学思想，在不知不觉中培养科学精神，当然，也在赏图悦读中学到科学知识。从这套读本的编排可以看到策划者以及作者对人文、科学和教育的理解与热忱、投入与功力。我相信，有了这样的读物，这样的尝试，一定会给科普工作打开一扇新的窗口，对素质教育也是一件非常有益之事。

我深深相信，一定会有更多的科学工作者、教育工作者、出版工作者联起手来，投身到科学素养教育的事业中来。

是为序。

江苏省科学技术协会副主席　冯少东

目 录

Contents

1 奇妙的海市蜃楼 ……………………………(02)

2 奇异的大海 ……………………………(05)

3 外星是地球生命之源，还是地球是外星生命之源 ……………………………(09)

4 感冒不可怕……………………………(12)

5 体温之谜 ……………………………(16)

6 人能活1 200岁吗 ……………………………(21)

7 铁树为什么不容易开花 ……………………………(24)

8 为什么很多动物都要冬眠 ……………………………(26)

9 为什么有些动物会有利他行为 ……………………………(28)

10 外来物种入侵 ……………………………(31)

11 超级细菌到底是一种什么细菌……………………………(35)

12 四季的形成 ……………………………(37)

13 星星为什么会眨眼 ……………………………(40)

14 电闪雷鸣 ……………………………(44)

15 天气变化的预兆 ……………………………(49)

16 全球性环境污染的主要问题——酸雨 ……………………………(54)

17 为什么会全球变暖 ……………………………(58)

18 塑料——让我欢喜让我忧 ……………………………(60)

19 食盐——“盐”之有理 ……………………………(65)

20 小小肥皂中的科学知识 ……………………………(70)

21 电灯为什么能发光 ……………………………(75)

22 铝合金为什么不生锈 ……………………(78)
23 不平凡的自行车尾灯 ……………………(80)
24 高科技将噪声变害为利 …………………(83)
25 防弹玻璃为什么能防弹 …………………(86)
26 纳米是什么 …………………………………(88)
27 话说红外线 …………………………………(92)
28 超级计算机 …………………………………(96)
29 话说无人驾驶飞机 ………………………(100)

真理是严酷的，我喜欢这个严酷，它永不欺骗。

——泰戈尔

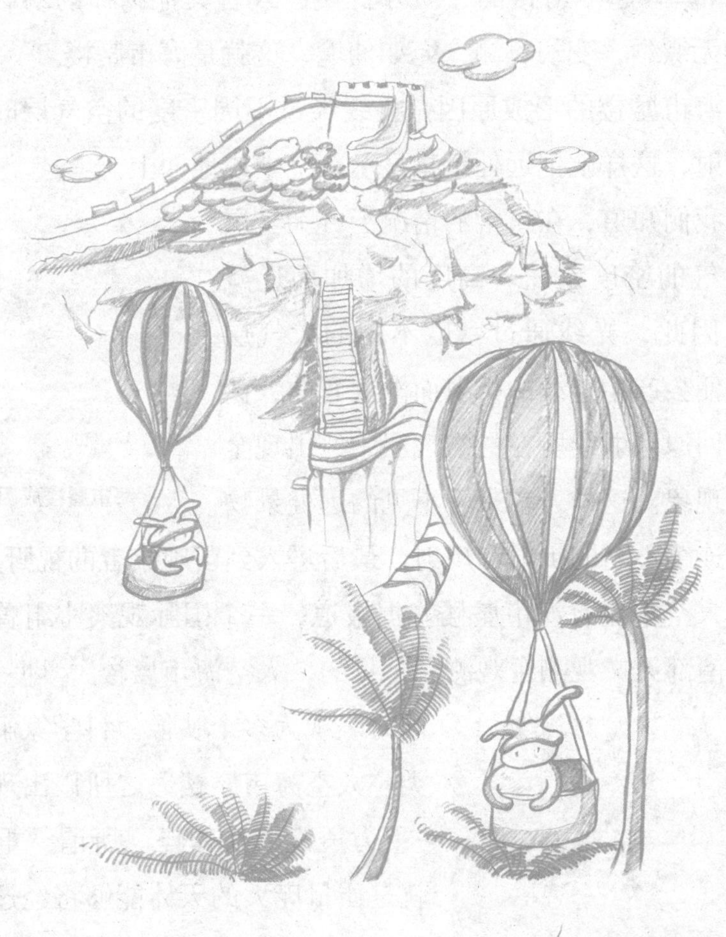

泰戈尔(Tagore, Rabindranath)，印度著名诗人、文学家、作家、哲学家，1913年获得诺贝尔文学奖。

1 奇妙的海市蜃楼

在平静无风的海面、湖面或沙漠上，有时眼前会突然耸立起亭台楼阁、城郭古堡，或者其他物体的幻影，这种景观虚无缥缈，变幻莫测，宛如仙境，这就是海市蜃楼。

海市蜃楼的形成原因是光线经过不同密度的空气层时发生显著的折射，这样就把远处景物显示在空中或地面上。

我们知道，在正常的情况下，大气层中空气的密度是随着高度的增加而递减的，因此，光线通过密度不同的大气层时，便会产生连续的折射而渐次弯曲，甚至返回原入射线所在的空气层中，出现全反射现象。这样，本来看不见的远处景物通过连续不断的折射和反射，最后进入到了观察者的视野中。

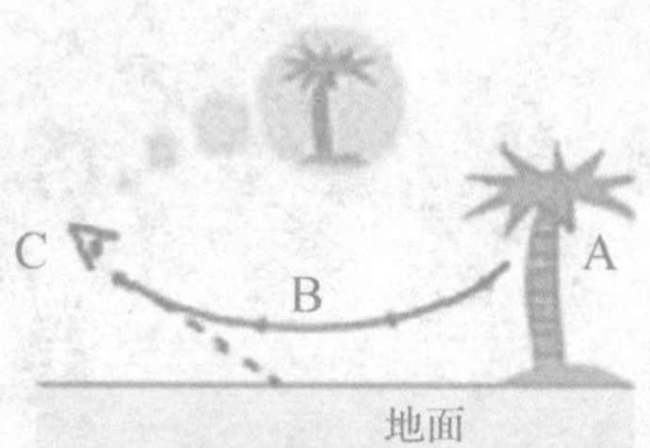

海市蜃楼成因示意图

太空中也有海市蜃楼。据报道，一个国际观察小组曾在智利的欧洲南部天文观测台观测到罕见的“太空海市蜃楼”，即一颗类星体同时表现为多个映像。科学家解释说，这类“太空海市蜃楼”之所以出现，是因为“重力透镜”在作怪。所谓“重力透镜”，就是质量庞大的天体能够将经过的光线进行扭曲。科学家说，观测到的星体是一种非常灿烂夺目的天体，它距离地球约63

戈壁中的海市蜃楼

亿光年，由于“重力透镜”对其辐射造成影响，从而形成如此壮观的天文景象。

海市蜃楼虽然十分绚丽多彩，但形成的条件却十分苛刻，这里介绍一种方法给大家，让每个人都能一睹海市蜃楼的尊容。

实验材料：

铁片1块（长约1.5 m、宽约0.2 m）、细沙（约1 kg）、深色纸剪成的树和骆驼若干个、毛玻璃1块（长约0.5 m、宽约0.4 m）、手电筒1只、1 000 W的电炉1个、支架2个(高度将视加热炉而定)。

实验过程：

1. 将平滑铁片横放在支架上，在平滑铁片上撒上薄薄一层细沙，做成沙漠型的表面。

2. 把深色纸剪成的树和骆驼贴在毛玻璃上，把毛玻璃放在平滑铁片的一端，与铁片垂直，使树和骆驼露在沙层上面。

3. 在毛玻璃后下方，用手电筒向上照射，在平滑铁片的另一端看去，好像树木和骆驼后面衬托着明亮天空一样。

4. 把电炉放在平滑铁片下面加热。

5. 一定时间后，用手靠近沙面，感到很热时，开始沿平滑铁片往毛玻璃方向观察。

6. 你会发现沙面下方出现树木和骆驼的倒影，好像树木和骆驼旁边有湖水时所形成的倒影一样，忽暗忽亮，忽隐忽现。

注意事项：

1. 演示时，教室里不能有风，光线不要太强，否则会影响实验效果。

2. 铁片各处加热要均匀，特别是靠近毛玻璃一端三分之二的地方。

你能用上面所学的科学知识来解释你所看到的海市蜃楼吗？

海市蜃楼的奇异幻景，同学们一定都听说过，自古以来它的神秘莫测吸引了不少人去研究。科学家们的分析为我们揭开了它的神秘面纱。

如果你也来做一做这个实验，相信你会有不同的发现……

2 奇异的大海

翻开《世界地图》，黑海、白海、红海、黄海映入我们的眼帘。海难道不只是蓝色？它们的颜色为什么会不同？彩色的海是谁的杰作？在这片广袤的领域中，会有些什么意想不到的现象出现？除了地球，还有哪里会有“海”？

一、蓝色的海

乘船在大海上行驶，极目远眺，蓝蓝的海水，蓝蓝的天空，令人心旷神怡。如果有意打桶海水，倒入碗中，则海水也同普通的水一样，是无色透明的。

为什么海水在海洋中看上去是蓝色的呢？原来，这是海水对光线的吸收、反射及散射造成的。太阳射在海洋表面的可见光有红、橙、黄、绿、靛、蓝、紫7色。海水很容易吸收波长较长的光，如红光、橙光、黄光。这些光射入海水后，绝大部分被海水吸收。绿、靛、蓝、紫等波长较短的光，被海水分子或其他微粒阻挡，会发生不同程度的散射和反射。其中蓝色和紫色最易被散射和反射。由于人们的眼睛对紫色光很不敏感，往往视而不见，而对蓝色的光比较敏感。这样，海水看上去便成蓝色的了。

当然，海水的颜色变化也受到其他因素的影响。当海水中含有大量泥沙时，便会呈现出黄色；当海水中含有大量的红色藻类时，便会呈现出红色；遇到阴雨天气，海面上的蓝色甚至会消失。

二、黑色的海

亚欧大陆中部，有个辽阔的海域。该海域的海水颜色不同于一般大海，它不呈蔚蓝色，而呈现黑色。“黑海”正是由于其颜色而得名。在阳光下，黑色的海水闪烁着晶晶亮光，犹如镶嵌在大地上的一颗黑宝石。但是，由于黑海处于中纬度地区，暴风雨连绵不绝，常有乌云遮天盖地，海天浑然一色，如若身临其境，则心惊肉跳，仿佛末日降临。

为什么黑海的颜色是黑色的呢？原来，黑海海域辽阔，但它的出口只有一处同地中海连接，即西面的土耳其海峡。海峡有的地方又窄又浅，最窄处只有700米宽，最浅处只有33米深，流量受阻，使黑海与地中海的海水未能及时大量交换。黑海表层海水受第聂伯河、顿河、多瑙河等大量淡水流入的影响，密度小；而黑海深层海水受地中海高盐度海水的影响，密度较大。这样，密度大的海水在下层，密度小的海水在上层，使得200米以下的海水静静地躺在海底，与外界隔绝，氧气得不到补充。缺氧之后，水中的硫化细菌活跃起来，把海底大量有机物分解，形成硫化氢。高浓度的硫化氢把海底淤泥染黑。黑色的海底贪婪地把照射到海水中的各种颜色的光全部吸收。因此，我们看到的黑海的海水，就成黑色的了。

三、红色的海

红海位于亚洲阿拉伯半岛与非洲大陆之间。那里气候炎热干燥，海水蒸发强烈，使红海成为世界上盐度最高、水温也最高的海。红海较高的水温和盐度，正适合蓝绿藻类在这里大量地生产与繁殖。蓝绿藻类的颜色并非蓝绿色，而是红色的，它们不仅本身呈现红色，而且把周围的海水也映成了红色，红海就由此而得名。

另外，来自撒哈拉大沙漠的红色沙尘经常侵袭红海上空。当狂风卷起红色的沙尘来到红海上空的大气中时，大气便被染成一片红色。大风又掀起红海红色的海浪，天空、海水，加上岸边红色崖壁，形成美丽壮观的红色世界。

四、黄色的海

我国黄海，特别是近海海域的海水多呈土黄色且混浊，主要是被从黄土高原上流进的又黄又浊的黄河水而染黄的，因而得名黄海。

五、白色的海

白海是北冰洋边缘海，深入俄罗斯西北部内陆，气象异常寒冷，结冰期达六个月之久。掩盖在海岸的白雪终年不化，厚厚的冰层冻结住它的港湾，海面被白雪覆盖。由于白色冰面上的强烈反射，致使我们看到的海水是一片白色。加上白海有机物含量少，真正的海水也呈现一片白色，故而得名。

六、失火的海

1976年6月，在大西洋亚速尔群岛西南面的洋面上，突然燃起了大火，将附近的海域照得通明，使观看到这一奇景的人惊叹不已。

无独有偶，1977年夏天，印度东南部马德里斯附近的一个海湾里，同样也发生过风浪席卷海面并伴随着熊熊大火的景观。这次大火整整烧了20多个小时，令观者惊心动魄。

海面上为什么会出现燃烧的现象呢?

对此，人们有不同的解释。有人认为，这是由于热带海洋上空的台风引起的。台风（快速行驶的大气）与表层海水摩擦产生巨大的热量，使水分子中的氢原子与氧原子分离，由此产生了大量的氢气。氢气是一种易燃的气体，当大气与海水高度摩擦产生的热量足以点燃氢气时，便形成熊熊大火。也有人认为，台风引起海水翻腾，将埋藏在海底的天然气翻滚至洋面。台风与洋面剧烈摩擦产生的热量将天然气点燃，形成熊熊大火。究竟哪种答案正确，目前尚无定论。

七、地球以外的海

古时人类曾认为月球表面上较暗的部分是海洋，故称之为月海，事实上至目前为止人们并未曾在月球表面上发现液态水。

火星上可能曾经有过大面积的海洋，但对此至今还没有完全的定论。

木星的卫星木卫二（Europa）很有可能完全被海洋覆盖。其表面的冰层虽然有十多千米厚，但冰层下有流水的事实几乎已被证实。木卫四（Callisto）可能也完全被海洋覆盖。

海王星的卫星海卫一（Triton）的表面完全被一层冰覆盖。其冰层下可能已经没有流水了。

广阔的海洋，美丽而又壮观，随着人类对海洋探索的不断深入，海洋的价值更加显现出来。海洋可能是未来治疗人类疾病的药库；也可能是矿物资源的聚宝盆；海洋中的鱼和贝类能够为人类提供滋味鲜美、营养丰富的蛋白食物；还可能成为人类未来的粮库。她的秘密和价值都有待我们去探索和发现。

3 外星是地球生命之源，还是地球是外星生命之源

地球上有生命，但生命从哪里来？外星上如果有生命，又是从哪里来？

生命起源一直是科学家关注的问题，但真正的研究热潮始于20世纪50年代。毕业于美国芝加哥大学的斯坦利·米勒希望验证自己的导师——诺贝尔化学奖获得者哈罗德·克莱顿·尤里在奥巴林学说基础上得出的结论。实验是用热水、甲烷、氨、氢和能够产生火花的电极来完成的。实验的奇妙之处在于产生了大量的碳酸物。这并不能说明什么，但如果考虑到氨基酸（氨基酸是生命元素）也属于碳酸物的话，情况就不一样了。米勒的工作成果引起了轩然大波，许多人都希望在此基础上取得更大的进展。后来，西班牙人霍安·奥罗在休斯敦大学合成了脱氧核糖核酸（DNA）的基本物质之一：腺嘌呤。关于生命分子产生的奥秘开始显露端倪。

默奇森陨石

这些分子是如何产生的呢？是在地球上形成的，还是来自外太空？早在20世纪初就有科学家提出了“有生源说”，认为孢子等微生物可能存在于外太空，有时会坠入某个星球培育生命。这可能吗？1972年一颗陨石（默奇森陨石）落到了澳大利

亚，在默奇森陨石上发现了74种氨基酸，其中55种可能起源于外太空。按照这个理论，外星就是地球生命之源。

加拿大天文学家们认为，如果地外行星上有生命存在，那么地外行星上的生命也有可能来源于地球——是来自地球的陨石将生命的种子带到了这些行星上。据《自然》杂志刊文称，研究人员通过精确计算得出结论：大型天体与地球相撞后产生的碎片也有飞越至太阳系外缘的可能性。尽管这种可能性较小，但它存在。如果这些碎片中夹杂着一些微生物，那么其中的一部分微生物在经历了碰撞和长期的太空飞行后还能够活下来。

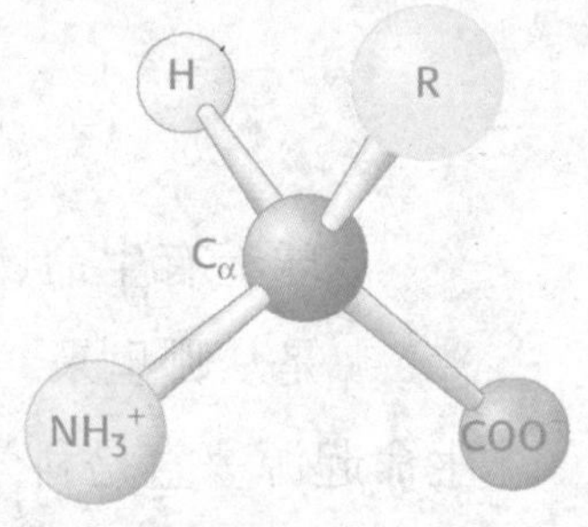

氨基酸结构

科学家们表示，最近500万年以来，就约有100块来自地球的碎片抵达木星的卫星木卫二，还有约30块碎片落向土星的卫星土卫六。与此同时，美国宇航局还进行了一项检验大碰撞后原始微生物是否可以逃脱厄运的实验。他们发射出一颗速度为每秒5 000米的小球去碰撞盛有微生物的板子来模拟陨石撞击天体的过程。此后，科学家们对四处飞溅的撞击碎片进行分析后发现，这样的剧烈撞击发生后微生物的存活率可以达到万分之一。

其他天文学家认为，加拿大科学家提出的地外生命源于地球的这一设想可以看作是“反向胚胎论”。因为传统的胚胎论认为，地球生命来自于外星。不久前的一次“太空坠毁”事件就表明，哪怕是较为复杂的生命在经历了这样的太空灾难后也能保存完好——在大气中烧毁的航天飞机所携带的一个密封舱里的蠕虫不但活着到达了地球，而且没有丧失繁衍后代的能力。

如此说来，地球不就是外星生命之源吗？

公元前5世纪，古希腊就已出现有关地球生命起源的各种猜测。直到今天，科学研究还在继续。这是一个十分有趣而美妙的事情。

4 感冒不可怕

感冒，是我们生活中的常用语。它常常用来表达人不舒服，有发烧、疲倦、头晕等症状，喉咙怪怪的，鼻子也怪怪的，有时流鼻涕，有时想咳嗽等。但是，很多时候，“感冒”一词被扩大使用了，有时候我们一旦感觉有这样的症状：拉肚子，有点发热，全身有一点酸痛，就会问医生：“我是不是感冒啦?”

后来，一些医生干脆就把病毒感染统称为感冒。例如，一些肠胃炎或是肠胃症状的病毒感染称为肠胃型感冒。但是医学上是没有“感冒”这一名词的。

其实，通常医疗上说的感冒，指的是一些上呼吸道的感染，英文名称Common cold。而造成所谓的Common cold的病毒、细菌多达200多种。所以按照这个标准，感冒的定义，是泛指影响到上呼吸道，并造成感染的症状。包括：发烧，全身酸痛，流鼻涕，鼻塞，打喷嚏，咳嗽，喉咙痛等等症状。由于这些症状都是轻微的，因而病人常常不需要看医生，而是服用一些治疗简单症状的成药，甚至不需要服药只休息就可以改善。但是，有一些患者，例如慢性病病人、免疫力缺乏的病人，或是太小的小孩、年纪大的老年人，他们在被病毒感染之后，常常容易引发继发性的细菌感染，造

打喷嚏

成肺炎、支气管发炎或是中耳炎、鼻窦炎。此外，一些气喘病人也会因为感冒而导致病情恶化。因此，在临床上，医生可以根据病人症状的严重程度来做一些适当的检查，如抽血化验白细胞、照胸部X光片等，以进一步鉴别是否有肺炎或者继发的细菌感染。

在治疗方面，病毒感染很少要用到杀病毒的药物，一方面，抗病毒药物不见得有效，并且副作用跟疗效比起来，有时抗病毒药物的副作用还更大；另一方面，不使用抗病毒的药物，感冒痊愈的时间跟服用抗病毒药物痊愈的时间差不多。目前只有部分症状严重的病人使用抗病毒的药物或许会有效，大部分感冒的病毒感染症状是温和的，所以不需要使用抗病毒的药物。所以，一般感冒，医生给开的都是症状治疗的药物，例如，止痛退烧药物，或是止咳化痰，抑制流鼻涕，缓解鼻塞的抗组织胺类的药物等等，而不会开抗病毒的药物。

流感病毒

而所谓的流感（流行性感冒的简称），其实是不同于感冒的。流感是由另一类病毒引起的疾病，它们叫做流行性感冒病毒，简称流感病毒。流感病毒，包括人流感病毒和动物流感病毒，主要分为甲、乙、丙三种，通过飞沫和接触传播。其中甲型流感病毒抗原每隔1~2年就会发生变异，多次引发世界性大流行，例如1918~1919年的大流行中，全世界至少有2 000万~4 000万人死于流感；乙型流感病毒对人类致病性较低，常引起局限性流行；丙型流感病毒一般只引起散发性的人类轻微的上呼吸道感染，很少造成流行。甲型流感病毒于1933年成功分离，乙型流感病毒于1940年获得，丙型流感病毒直到1949年才成功

分离。英文会用flu来表示得了流感，这与英文的common cold是不一样的。

流行性感冒病毒的感染，大部分也会造成呼吸道的症状，但比普通性感冒要严重，常见的有高烧不退，全身酸痛严重，呼吸道的症状也比较严重，有时候甚至变成病毒性的肺炎，这时候就需要用到抗病毒的药物了。预防流行性感冒病毒感染，必须要接种疫苗。每年，世界卫生组织（WHO）会公布该年度可能流行的流行性感冒病毒株有哪几种，然后疫苗公司便会根据这个来制造疫苗，以供人们接种。为何流行性感冒疫苗需要接种而普通性感冒不用？这也是因为严重程度的关系，因为造成普通性感冒的病毒种类虽然多，但是症状都不严重，所以不需要去接种或是制造这类的疫苗。

综上所述，我们必须要厘清的三个疾病名词就是：普通性感冒、肠胃型感冒、流行性感冒。

普通性感冒，指的是上呼吸道感染，病原可以是病毒、细菌、支原体、衣原体，所以普通感冒一年四季都可能发生。通常症状不严重，包括咳嗽、流鼻涕、轻微发烧、喉咙痛等，感冒周期一般约3~6天。医生通常会说，你得的是一般感冒。

肠胃型感冒，指的是病毒感染后，以肠胃的症状表现为主，包括轻微腹泻、腹胀、轻微恶心、轻微发烧以及全身酸痛等，症状也是大概一周内就可改善。

流行性感冒，指的是流感病毒的感染，主要见于冬春季节，症状比普通感冒要严重得多，发烧与全身酸痛也更明显，一般约一周左右的病程。接种流感疫苗是预防流感最有效的方法。症状严重时需要用到抗病毒药物的治疗，一般症状只需要给予症状治疗。

因此，流感不等于感冒，而肠胃型病毒感染也不等于感冒，虽然它们都是病毒感染引起的，都是只要给予症状治疗药物就会改善，但还是有区别的。认识到这点之后，你就不会在得了感冒时问医生："为什么我打了流感疫苗，还是得了感冒？" 而这些流感病毒感染的治疗，除了刚刚提到的症状治疗之外，还得多休息与补充水分。所以，很多人不太了解，觉得医生没给杀死病毒的药物；或是抱怨，感冒要看到第三个医生才好。是第三个医生比较高明吗？其实是刚好到第三位医生诊治时，身体受感染后产生的抗体把病毒消灭了，疾病整个过程到了尾声。因此你可以注意到卫生部门每次对于抵御流感或是胃肠病毒的倡导都是：注意口鼻卫生以及勤洗手！另外，我们生活中应注意与感冒患者保持至少一米远的距离，避免接触带有病毒的唾液、飞沫；每日坚持进行30分钟~45分钟有氧运动，增强抵御感冒的能力；保证足够的睡眠，提高机体免疫力；每日早晚、餐后用淡盐水漱口，清除口腔及咽部病菌。

虽然人一年四季都可能受到病毒的攻击，虽然目前尚无特效抗病毒的药物，不过，我们只要平时注意劳逸结合，进行适量运动，注重清洁卫生，合理饮食，多吃富含蛋白质、维生素、锌、铁等的食物，增强身体抵抗力，感冒是完全可以预防的。一旦发现重症感冒应及时就医，以免延误病情，同时要卧床休息，注意保暖，减少活动，多喝水，这样才能取得较好疗效。

5 体温之谜

有一个很简单的问题你是否想过：不论人的年龄、身高、体重差别多大，有一个特征是相同的，那就是体温都维持在37 ℃左右；不论你是蒙古人种、欧罗巴人种、尼格罗人种还是澳大利亚人种，也不论你是住在赤道还是北极，体温都基本相同；哺乳类、鸟类以及其他的温血动物都有恒定的体温，它们的体温同样是在37 ℃上下；寒带的南极企鹅和热带撒哈拉沙漠的骆驼，它们的体温同样是37 ℃上下。为何体温偏偏选择了37 ℃？

一、人体内有一个精密的空调

37 ℃只是体温的一个大概数字，人体各个部位、每日早晚、男女之间的体温均存在着差异。正常人口腔温度为36.3 ℃~37.2 ℃，腋窝温度较口腔温度低0.3 ℃~0.6 ℃，直肠温度较口腔温度高0.3 ℃~0.5 ℃。一天之中，清晨2时~5时体温最低，下午5时~7时最高。另外，女性的体温在经期亦有些许变化。

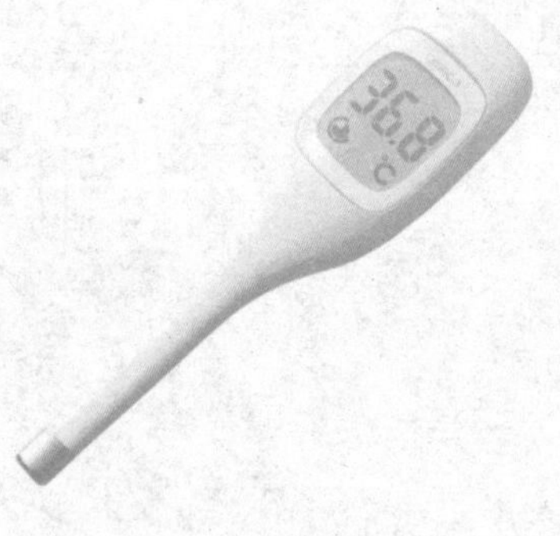

电子体温计

人体对体温的调节是非常精确的，体温只要比正常值有0.5 ℃的变化，就会感到不舒服。如果体温比正常值上升或下降了1 ℃，你就可能需要赶快去就诊了。那么，人体是怎样维持体温恒定的呢？

人体内有一套产热和散热的自动调控装置，它由下丘脑的体温调节中枢和皮肤、内脏的许多温度感受器组成。当人感到冷或热时，信号由神经系统传入下丘脑，下丘脑的体温调控“司令部”很快下达指令，使有关系统如肌肉、内脏器官、皮肤、毛细血管、汗腺等全部启动起来，各司其职，有序地进行体温调控，尽量使体温维持在恒定范围内。比如，当环境温度下降和受寒冷刺激时，肌肉就会收缩发抖（打冷战），使产热增加；天热时，人体就会排汗，利用水分蒸发来散热。

当然，人体的这种调控能力是有限度的。所以，当一个人患感染性疾病或长时间暴露在高温环境下时人体就会发热，因为这时机体的体温调控装置已力不从心。

大家一定有过这样的体验，当一个人患有感染病症时，体温就会上升。这是因为身体受到细菌的感染后，体内的免疫系统开始工作，进行抵抗。此时，被称为噬菌细胞的免疫细胞刺激体内的免疫系统，分泌出一种特殊的物质。这种物质由血液向脑中输送，再由脑室附近的终极部位进入脑内。这种物质进入大脑后在丘脑下部发挥作用，使体温上升。

为什么我们的体温通常都在小范围内变化呢？这如同处于一个非常保温的恒温箱里一样。也就是说当体温高于正常温度时，全身皮肤的血管会扩张，皮肤变红，身体出汗散热。当低于正常温度时，身体就会发抖，产生热量，毛发立起来以防止散热。

虽然我们对感冒很熟悉，但为什么患上感冒时即使身体发热，体温上升时我们也会感到寒冷、发抖，而当经治疗后恢复正常时，即使体温下降我们也会出汗呢？为了说明这个道理，我们来打个比方，把空调的设定温度比作我们体内的设定温度，患感冒时设定温度上升，但体温未达到时就会感到寒冷；反之，感冒治好后设定温度达到正常，而体温要通过出汗才能降至正常。

同样，一阵寒风吹过，你的皮肤会紧绷，你的牙齿会咬得作响。这是为什么呢？这是因为大脑的连接系统正对皮肤的温度进行监控，决定什么时候开始颤抖。颤抖是由身体自行调节的众多无意识和下意识功能的一种。颤抖能在骨骼肌中产生热量，这个过程需要相当多的能量，它通常是人体在寒冷的环境中保持体内温度的最后一个方法。

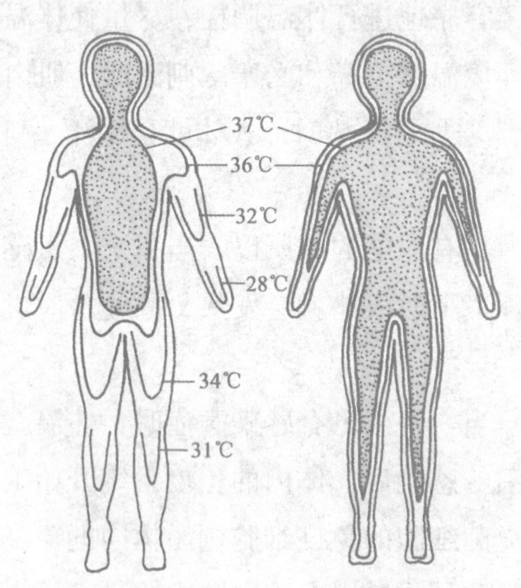

A. 环境温度 20 ℃　　B. 环境温度 35 ℃

在不同环境温度下人体体温分布图

二、恒温：进化之谜

当我们由一个地方走到另一个地方时，可以感觉到四周温度的变化，但是我们的体温却不会改变，这是因为人类属于“恒温动物”。恒温动物还包括其他哺乳动物和鸟类。恒温动物的体温大多在35 ℃~40 ℃范围。大象的体温最低，是35.5 ℃；小鸟的体温最高，可达42.8 ℃。但是有些动物的体温会随环境温度的变化而改变，这类动物被称为冷血动物，例如昆虫、蛇类、青蛙、鱼、蜥蜴和龟等。冷血动物的体温会比周围环境低一点。

科学家研究发现，某些动物能够保持体温恒定的开始时间，几乎恰好和它们从水生变成陆生的时间相吻合。生存于水底下的生物，在相当大的程度上，可以避开外界气候变化的影响，特别是在深水中，周围的温度几乎可以保持不变。反过来，生活在地表上的动物则必须承受一天24小时的温度变化，它们会经历夜晚和白天、雨天和晴天、刮风和暴雨等不同情况下的各种温度。因此，在地表生活的许多生物已经进化到体温可以快速随机应变的地步。

大脑和行动需要同时运作，这是动物必备的生存之道。科学研究发现：大脑在恒温下运作得最好。支配人类思想和行动的是脑，这是由几百亿交互联结的神经细胞所组成的线路，奇妙又精巧。假若体温发生变化，必然导致动物体内的各种复杂化学反应呈现出不同的状况，各种激素信息也有所不同，所以，保持恒定的体温是像我们一样复杂的动物的最佳进化选择。

三、为什么把体温设定在37 ℃

人类把体温设定在37 ℃，是进化的选择。因为要保持一个恒定的体温，必然要选择一个产热和散热最容易平衡的点，在这一温度时，机体活动所产生的热量最容易与机体散失在环境中的热量平衡，也就最容易保持体温的恒定。科学家认为，人类的体温之所以在37 ℃上下，和我们在20 ℃的房间中感到舒服的原因一样。当200多万年以前人类刚出现时，白天的平均温度在25 ℃以下。在这种气候条件下，当人类的体温超过35 ℃时，打猎这类活动经由新陈代谢过程所产生的热最容易散发出去。也就是说，是人体自身新陈代谢水平和地球环境温度之间的平衡，决定了37 ℃这一恒定体温。恒温动物的体温大多在35 ℃~40 ℃范围内，这是在生物进化过程中，生物链中的捕食者和被捕食者耐力较量的结果，即动物捕食活动等生存竞争过程的平衡点。

客观有客观的道理，科学有科学的奥秘。体温之谜让我们更清楚地了解了自己的身体，从而可以更好地维护自己的健康。

6 人能活1 200岁吗

人究竟能活多少岁？古今中外关于人类的长寿纪录有不少记载。在我国，彭祖被视为最长寿者，传说他生于夏代至商代末，活了930岁。根据2001年统计资料记载，全世界人口的平均寿命为67.5岁；我国人口的平均寿命已达72岁。预计到2050年我国人口平均寿命将达到78.7岁。有些科学家相信，借助科学的力量，人类甚至有可能突破寿命的极限。美国科学家发现，修改基因可以使有机生物的寿命延长6倍。这是否意味着人类寿命有望达到400岁呢？

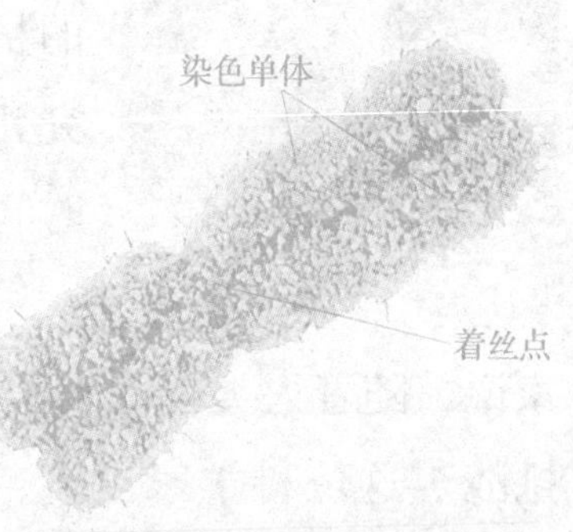

人类的染色体

人类基因组工程有“生命登月计划”之称，它的内容是破译人类分布在细胞核中的23对染色体上的约6万至10万个基因，约30亿个碱基对。为打开这个人类生老病死的“黑匣子”，1990年人类基因组工程正式启动。我国科学家承担了其中1%的测序任务，1999年9月开始这方面的研究，仅用半年时间，就完成了破译任务，为国际人类基因组研究工作作出了自己的贡献。

据我国人类基因组的科学家介绍，启动人类基因组工程最初源于人类肿瘤计划的失败。20世纪80年代，美国科学家试图用传统医学方法解开肿瘤之谜。但后来发现，肿瘤的形成都与基因有关。现

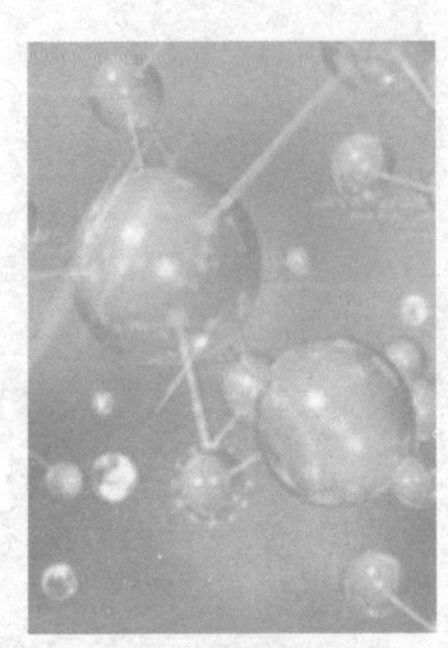

基因

代医学研究表明，人体一般性病毒疾病可用传统医学治疗。但有5 000余种遗传病还依赖于基因治疗，其中包括遗传性的肿瘤、糖尿病、贫血等。人类基因组计划第一步的基因草图绘制后，接下来的任务是寻找各种基因的精确位置，精确图已在2003年完成，而研究出各种基因的功能则需要大约100年的时间。

英国政府负责协调基因研究工作的科学家说，随着人类在基因密码研究方面的进展，死亡也将受到科学的挑战。这位科学家预言，人类寿命很可能在不久的将来被大大延长，而且具有达到1 200岁的潜力。科学家研究发现，人体的许多疾病与基因有关。比如，一些人到中年会秃顶、年老会得糖尿病，这都与基因有关。记录着人体奥秘的基因密码公布后，人就变成了一个“透明”体，医学家可以预测出一个人何时会得疾病，得什么病，哪些基因致病，从而通过基因诊治，使人的寿命大大延长。不少科学家认为人的寿命与细胞的分裂周期有关，而基因研究可以计算出细胞的寿命，为人体“算命”提供科学依据。

基因组计划给医学带来广阔的发展空间。科学家预言，未来，我们只要将一滴血放在装满基因的芯片上就可验出病症，甚至可准确测出自己每天能抽多少烟、吃多少饭。未来的药厂将会根据不同病人的基因报告开药方，而且基因本身也会成为药品。科研人员预言，到2050年，许多病症将会在病发前就被消灭。目前，一种可治疗遗传性贫血的促进红细胞生成的基因药品已经问世。我国也已生产出装载数万个基因的生物芯片。

读了上面的文字，你相信人类寿命可达到1 200岁吗？

人,究竟能活多久?不能凭空想象,也不能受今天统计数字的束缚,要用科学来回答。基因研究让我们有了更多的发言权。

7 铁树为什么不容易开花

铁树是一种美丽的观赏植物。它树形美观，四季常青。一根主茎拔地而起，四周没有分枝，所有的叶片都集中生长在茎干顶端。

铁树

铁树一般在夏天开花，它的花有雌花和雄花两种，一株植物上只能开一种花。这两种花的形状大小各不相同：雄花很大，好像一个巨大的玉米芯，刚开放时呈鲜黄色，成熟后渐渐变成褐色；而雌花却像一个大绒球，最初是灰绿色，慢慢也会变成褐色。由于铁树的花并不艳丽醒目，而且模样又与众不同，不熟悉的人大多视而不见。这也许是人们觉得铁树开花十分罕见的一个原因。

其实，铁树开花并不稀罕。铁树的老家在热带、亚热带地区，它天生喜热怕冷。在我国云南、广东等地，铁树开花是正常的现象，不足为奇。通常，一株10年以上树龄的铁树会年年开花。可是，在我国北方，情况就不同了。那里冬季寒

开花的铁树

冷，铁树很难生存，当然开花也就不容易了。偶尔遇上铁树开花，难怪人们要奔走相告，传为奇闻了。

据《陆川本草》记载，铁树叶还有“解热毒、凉血、止血。治痢疾、肠出血、尿血”的功效呢！

8 为什么很多动物都要冬眠

天气渐渐变冷了，很多动物都要冬眠。为什么我们不能和动物一样去冬眠呢？

冬眠的熊

原来，当冬天来临，气候渐渐变冷，食物缺乏的时候，许多动物就开始冬眠。所以，冬眠现象是动物在生存斗争中适应不良环境的一种方法。动物在冬眠时，一冬不吃东西也不会饿死。因为冬天以前，它们早就开始为冬眠做好准备工作了，那就是从夏季开始，它们便在自己的身体内部逐渐积累营养物质，特别是脂肪。等到冬眠期来临，体内积累的营养物质相当多了，于是就显得肥胖起来。所积累的这些营养物质，足够满足整个冬眠过程中身体的需要。尽管在身体内积累了大量营养物质，可是冬眠期长达数月之久，怎么够用呢？原来动物在冬眠期间，伏在窝里不吃也不动，即使活动也很小，呼吸次数减少，体温也降低，血液循环减慢，新陈代谢非常微弱，所消耗的营养物质也就相对减少了，所以体内储藏的营养物质是足够的。等到身体内所储藏的营养物质快要用光时，冬眠期也将结束了。冬眠过后的动物，身体显得非常瘦弱，醒来后要吞食大量食物来补充营养，以便尽快恢复身体常态。

不是所有的动物都要冬眠的，一般情况下只有冷血动物才会冬眠。冷血动物也称外温动物，它们无法保持自己的体温在一个相对恒定的状态，体温会随环境温度的变化而变化，所以也叫变温动物。除了鸟类和哺乳类以外的动物都是冷血动物，因为无法保持体温，一般在温度过高或过低时会进行休眠，这也是一种适应温度的方式。鸟类和哺乳类属内温动物，且鸟类的体温要比哺乳类高5 ℃左右（鸟类为42 ℃左右，哺乳类为37 ℃左右）。因为鸟类飞行需要更多能量，新陈代谢水平更高，可以控制自己的体温在一个恒定的范围内，所以不用冬眠；而人类属于哺乳类，是高级动物，能通过各种方式躲过冬天的寒冷，所以人也是不需要冬眠的。

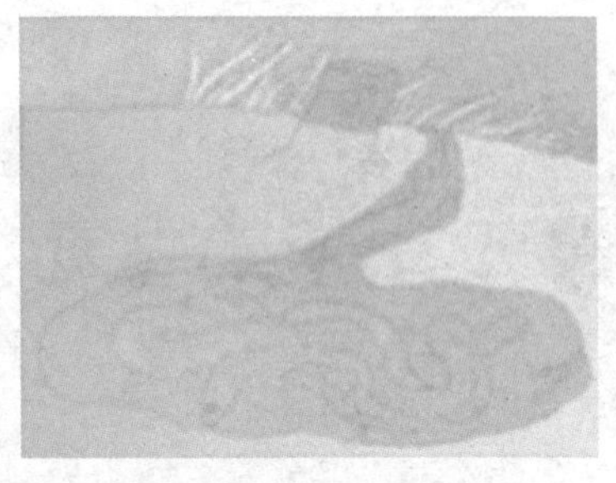

冬眠的蛇

动物冬眠是一个有趣的现象。它们为什么要冬眠？又是怎样冬眠的？哪些动物不会冬眠？

虽然科学家至今未能完全揭开动物冬眠的奥秘，但是他们通过不断探索，已经认识到，研究动物的冬眠不仅妙趣横生，而且颇有价值。感兴趣的话，再多搜集一些这方面的资料吧！

9 为什么有些动物会有利他行为

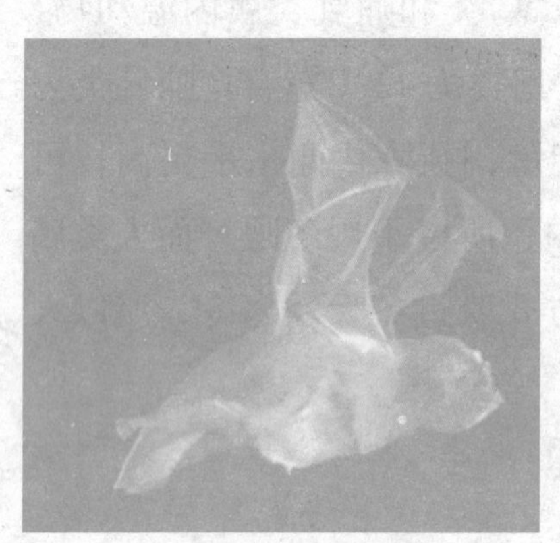
魑蝠

达尔文“生物进化论”的核心是自然选择学说，物种在生存竞争的过程中，经过自然选择的作用，逐渐产生新的物种，实现生物的进化。自然界中处处可见生存竞争的例子，比如南极洲的企鹅在下水之前为了确定水中是否有海豹，往往相互往水中推拥，让同伴做“替死鬼”。然而，生存竞争只是一个方面，在自然界中同样存在着互助互爱的利他行为。

魑蝠是一种以吸食其他动物的血为生的蝙蝠，如果连续三夜吸不到血就会饿死。但是并非每只魑蝠都能吸到血，没有吸到血的魑蝠有时并不会因此而饿死。科学家在哥斯达黎加观察到了魑蝠的血液反哺行为，一只吸到血的魑蝠会把血吐给另外一只正在挨饿的魑蝠，而这两只魑蝠并不仅仅限于亲代与子代的关系。

杜鹃

在鸟类中杜鹃可谓是“臭名远扬”。杜鹃自己不会筑巢，更不会花费大量的精力哺育雏鸟。它们为后代所做的事情就是去寻找其他鸟类的巢以及养父母，即寄主，比如森林里的大山雀。杜鹃利用它的卵与寄主的卵极其相似的特点而将寄主蒙骗过去。而更令人感到可恨的是，刚出生的小杜鹃就大开杀戒，将自己的“义弟妹”——寄主的卵一个不剩地推出巢外，寄主似乎“既往不咎”，仍然将小杜鹃当做自己的孩子精心照料直到长大。

在蚂蚁或者蜜蜂社群中，工蚁或工蜂辛勤地为蚁后或蜂后以及其他同伴服务而终日不辞辛苦，这些都是利他行为的典型例子。这些似乎都不能用达尔文的自然选择学说来解释。那么，利他行为是如何通过自然选择的呢?

汉密尔顿在1964年提出了亲缘选择理论，又称汉密尔顿法则。亲缘关系越近，动物彼此合作倾向和利他行为倾向也就越强烈；亲缘关系越远，则表现越弱。草原犬鼠是一种群居动物，在发现天敌时，犬鼠会发出警报声。在对这种利他行为的研究中发现，生活区内有亲属的犬鼠发出警报的次数远远多于生活区内没有亲属的犬鼠发出警报的次数。这可以作为亲缘选择理论的一个强有力的佐证。

在动物世界中，有亲缘关系的个体往往更易亲近，因为它们帮助的对象都是与自己有着较多相同基因的家族成员。亲缘选择理论还可以解释一些其他的利他现象。在尼加拉瓜的基洛亚湖中，有一种“自愿”为其他鱼哺育孩子的雀鱼，这种雀鱼总是将其他种群内的小鱼吸引到自己的鱼群中。这种行为让人很难理解，因为新加入的小鱼增加了种群内部的资源竞争。然而“鱼妈妈”有自己的一套理论：加入的小鱼可以壮大自己的鱼群，而一个湖中被捕食率是一定的，鱼群越大，自己孩子被捕食的概率就越小。其实，归根结底还是为了自己血缘系统的延续和壮大。

读了这篇文章，在赞赏动物之间利他行为的同时，你是否觉得，我们人与人之间更应该相互关心、相互帮助呢？

10 外来物种入侵

生物从外地自然传入或人为引种后成为野生状态，并对本地生态系统造成一定危害的现象，我们把它称为外来物种的入侵。外来物种的“外来”是以生态系统来定义的。外来入侵物种具有适应能力强、繁殖能力强、传播能力强等特点。外来物种由于缺乏自然天敌而迅速繁殖，并抢夺其他生物的生存空间，进而破坏生态平衡，可导致本地物种的减少和灭绝，严重危及一国的生态安全。

一、外来物种入侵的方式

外来物种入侵的方式主要包括自然入侵和引种。

自然入侵是指通过风媒、水体流动或由昆虫、鸟类的传带，植物种子或动物幼虫、卵或微生物迁移到其他地区，从而造成生物危害。如紫茎泽兰、薇甘菊以及美洲斑潜蝇都是因自然因素而入侵我国的。

引种是指以人类为媒介，将物种转移到其自然分布范围及扩散潜力以外的地区。引种可分为有意引种和无意引种两类。

有意引种是指人类有意实行的引种，将某个物种有目的地转移到其自然分布范围及扩散潜力以外的地区。

无意引种是指某个物种利用人类为媒介，扩散到其自然分布范围以外的地方，从而形成的非有意的引入。

二、外来物种入侵的后果

外来有害生物侵入适宜生长的新地区后，其种群会迅速繁殖，

并逐渐发展成为当地新的“优势种”，严重破坏当地的生态安全。

外来物种入侵是威胁生物多样性的头号敌人，入侵物种被引入后，由于环境中缺乏制约其繁殖的自然天敌及其他制约因素，入侵物种迅速蔓延、大量扩张，形成优势种群，并与当地物种竞争有限的食物资源和空间资源，直接影响当地物种的生存，甚至导致其灭绝。

外来物种入侵会对植物土壤的水分及其他营养成分，以及生物群落的结构稳定性等造成影响，从而破坏当地的生态平衡。如自澳大利亚入侵我国海南岛和雷州半岛许多林场的外来物种薇甘菊，由于这种植物能大量吸收土壤水分从而导致土壤极其干燥，对水土保持十分不利。此外，薇甘菊还能分泌化学物质抑制其他植物的生长。

植物杀手——薇甘菊

豚草

美丽杀手——凤眼莲(水葫芦)

外来入侵物种可能会对其他生物的生存甚至对人类健康构成直接威胁。如原产北美、约在20世纪30年代传入我国东南沿海地区的豚草，因其花粉引起的“花粉症”会对人体健康造成极大的危害。每到花粉飘散的7月～9月，体质过敏者便会发生哮喘、打喷嚏、流鼻涕等症状，甚至导致其他并发症或死亡。

对于任何一个国家而言，想要彻底根治已成功入侵的外来物种是相当困难的。实际上，仅仅是用于控制其蔓延的治理费用就相当昂贵。我国每年打捞水葫芦的费用就多达5亿～10亿元，由于水葫芦造成的直接经济损失接近100亿元。

三、我国防治外来物种入侵的对策

在外来物种引进之前，需由农业、林业或海洋管理部门会同科研机构进行引进风险评估，先由环保部门作出环境评价，再由检疫部门进行严格的口岸把关，多方协调行动，共同高效地开展外来物种的防治工作。

国家质量监督检验检疫总局规定了“风险评估”制度，规定由国家质检总局采用定性、定量或两者结合的方法开展风险评估制度。建立此项制度无疑是我国抵御外来物种入侵的一个进步。

某一外来生物品种被引进后，首先应建立引进物种的档案分类制度，对其进入我国的时间、地点作详细登记；其次应定期对其生长繁殖情况进行监测，掌握其生存发展动态，建立对外来物种的跟踪监测制度，一旦发现问题，及时解决，这样既不会对我国生态安全造成威胁，也无须投入巨额资金进行治理。

外来有害物种一旦侵入，要彻底根治难度很大。因此，必须通过生物方法、物理方法、化学方法的综合运用，发挥各种治理方法的优势，同时也要提高公众防范意识，以此达到对外来入侵物种的最佳治理效果。

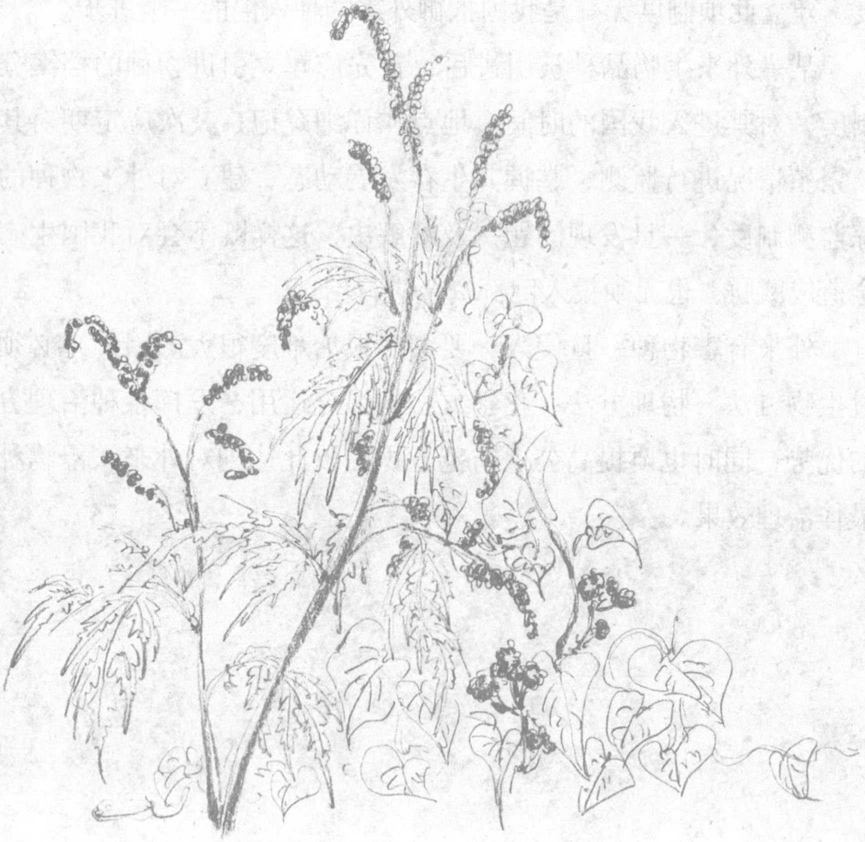

外来物种入侵——请“神”容易送“神”难！

11 超级细菌到底是一种什么细菌

超级细菌其实并不是一个细菌的名称，而是一类细菌的名称，这一类细菌的共性是对几乎所有的抗生素都有强劲的耐药性。

一、耐甲氧西林金黄色葡萄球菌是“最著名”的超级细菌

超级细菌中“最著名”的是一种耐甲氧西林金黄色葡萄球菌（MRSA），MRSA现在极其常见，可引起皮肤、肺部、血液和关节的感染。当年弗莱明发现青霉素时，用来对付的正是这种细菌。但随着抗生素的普及，某些金黄色葡萄球菌开始出现抵抗力，产生青霉素酶破坏青霉素的药力。MRSA的耐药性发展非常迅速，1959年科学家发现用一种半合成青霉素（即甲氧西林）能够杀死耐药的金黄色葡萄球菌；之后仅隔两年，就出现了耐甲氧西林金黄色葡萄球菌，到了20世纪80年代后期，MRSA已经成为全球发生率最高的医院内感染病原菌之一，也被列为世界三大最难解决的感染性疾病首位。

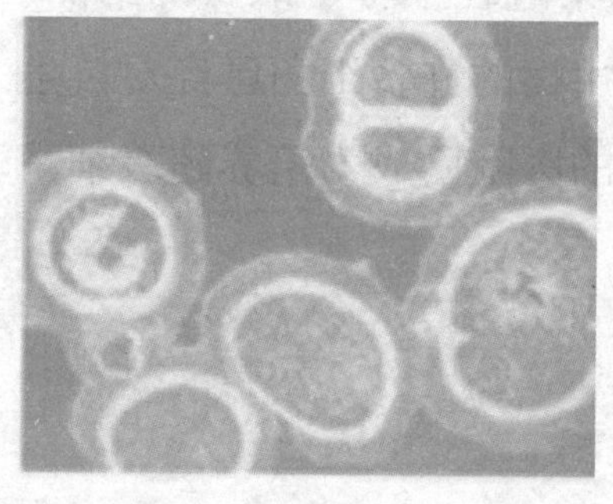

MRSA

二、最新出现的超级细菌叫NDM-1

科学家最近在一些病人身上发现了一种特殊的细菌，名为“新德里金属-β-内酰胺酶1”（NDM-1），这种细菌含有一种罕见酶，它能存在于大肠杆菌的DNA中从而使其产生广泛的抗药性，人被

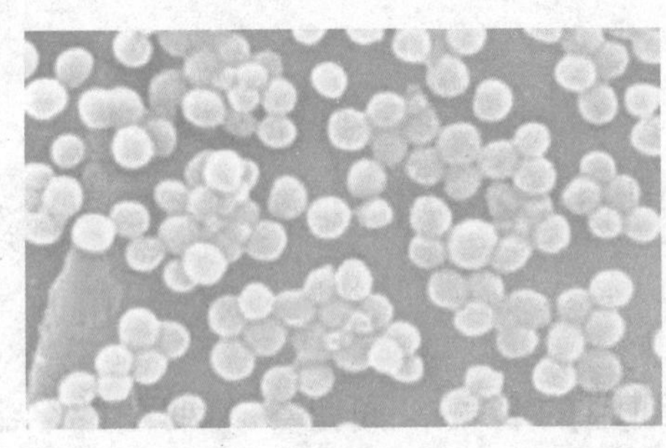

NDM-1

感染后很难治愈。NDM-1的复制能力很强，传播速度快且容易出现基因突变。在现在滥用抗生素的情况下，NDM-1是一种非常危险的超级细菌。

三、抗生素的滥用塑造了超级细菌

青霉素的发现和提纯是人类历史上最伟大的发现之一。自20世纪40年代青霉素应用于临床后，人们相继发现了上万种抗生素，有200余种抗生素应用于临床。抗生素的广泛应用已挽救了无数生命，时至今日抗生素仍然是医生治疗感染过程中不可缺少的药品。然而随着抗生素的广泛使用，引起人类疾病的许多细菌已经对抗生素产生了耐药性。抗生素使用较为集中的医院已成为培养超级细菌的“温床”。

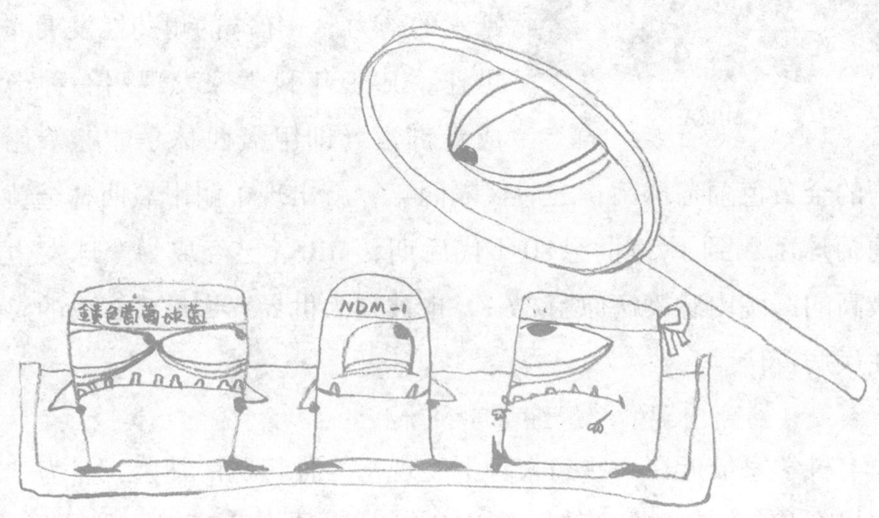

超级细菌的出现可能预示着抗生素时代的终结，医生或将难以治疗受到超级细菌感染的患者。寻找对抗超级细菌的“武器”刻不容缓。

12 四季的形成

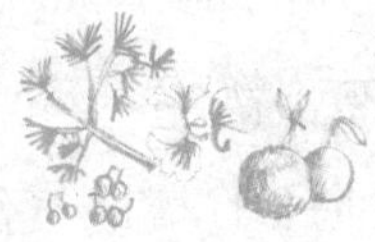

要想知道一年四季的形成，我们得先来了解一下地球的运动。我们从教科书上知道地球有两种基本运动：一种叫自转——地球自身的旋转，另一种叫公转——绕着太阳的旋转。

自转是绕着穿过南北两极的地轴进行的，方向是自西向东，离两极越远的地方转速越快。地球自转一周的时间为一天，也就是24小时。

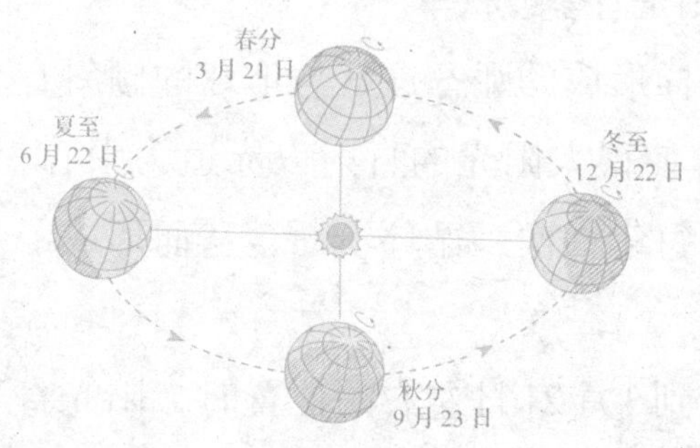

地球公转

地球绕太阳公转的速度为每秒30千米，绕太阳一周需要365天5时48分46秒，也就是一年，天文学上称之为一个回归年。地球绕太阳公转的轨道是一个椭圆，它的长直径和短直径相差不大，可近似为正圆。太阳就在这个椭圆的一个焦点上，但焦点是不在椭圆中心的，因此地球离太阳的距离有时会近一点，有时会远一点。1月初，地球离太阳最近，这一点叫做近日点。7月初，地球离太阳最远，这一点叫做远日点。事实上，当地球在近日点的时候，北半球为冬季，南半球为夏季；在远日点的时候，北半球为夏季，南半球为冬季。这就说明，四季的变化与近日点和远日点无关。

四季的变化与公转有关，但决定性的条件是地球倾斜着绕太阳

公转。如果地球是垂直地绕太阳旋转的话，太阳光线将永远直射在地球的赤道附近，而其他地方的地平面与太阳光线的夹角也永远不变，地球上将不会有四季的变化。

我们从地理书上知道，地球上某地气温的高低与太阳光是直射还是斜射该地有关。分析一下，假定有一束固定大小的光束，当它直射在某一平面时，投射在该平面的光斑将是一个正圆，而斜射时，光斑将是一个椭圆，而且越斜椭圆越大，也就是说，斜射时同样多的光线照在了更大的面积上。我们可以这样理解，光束斜射时光斑区的光线稀一些，直射时光斑区的光线密一些。这就是为什么太阳光直射的地方气温要高一些，而斜射的地方气温要低一些。我们知道气温是决定季节的主要因素，所以太阳光直射的地方将是夏季，而斜射得最厉害的地方将是冬季，这两者之间的则是春季或秋季。

那么四季的交替变化又是怎样形成的呢？这就与地球的倾斜有关了。地球倾斜着绕太阳旋转，使得太阳光的直射以赤道为中心，以南北回归线为界限南北扫动，每年一次，循环不断，从而形成了地球上一年四季顺序交替的现象。

具体分析一下，当地球公转到3月21日左右的位置时，阳光直射在赤道上，这时北半球的阳光是斜射的，正是春季，南半球此时正是秋季。当地球转到6月22日左右的位置时，阳光直射在北回归线上，北半球便进入了夏季，而南半球正是冬季。9月23日左右时，阳光又直射到赤道上，北半球进入秋季，南半球转为春季。当地球转到12月22日左右的位置时，阳光直射到南回归线上，北半球进入冬季，而南半球则进入夏季。接下来就进入了新的一年，新一轮的四季交替又要开始了。

太阳高度周期性的变化，造成周期性的直射和斜射。太阳高度为什么会有周期性的变化呢？

地球在绕太阳公转的过程中，地轴始终与轨道面倾斜成66°34′的夹角。由于地轴的倾斜，当地球处在轨道上不同位置时，地球表面不同地点的太阳高度是不同的。太阳高度大的时候，太阳直射，热量集中，而且太阳在空中经过的路径长，日照时间长，昼长夜短，必然气温高，这就是夏季。反之，太阳高度小时，阳光斜射地面，热量分散，而且太阳在空中所经路径短，日照时间短，昼短夜长，气温变低，便是冬季。由冬季到夏季，太阳高度由低变高。同样道理，太阳高度的变化影响着昼夜的长短和温度的高低，分别形成了秋季和春季。

由于地球永不停歇地侧着身子，围绕太阳这个大火炉运转，这种冷暖便不停地交替着，从而形成了寒来暑往的四季。

如果地轴与公转轨道面的夹角发生变化(地球围绕太阳公转的倾斜程度不同),各地的四季和昼夜长短会有何变化?

13 星星为什么会眨眼

夏天的晚上，繁星满天，抬头仰望天空，星星都在眨眼睛哩。其实，星星根本没有眨眼睛，它们哪里会眨眼睛呢！

夜晚的星空

那么，大概是我们自己眨了眼，错以为是星星在眨眼了吧。当然不是，因为即使你瞪着眼睛瞧，仍然会发现星星的光亮在忽闪忽闪地闪烁。

这究竟是什么原因呢？星光从遥远的太空到达我们眼睛的过程中到底发生了什么呢？想要知道答案，首先要了解两方面的知识。

一、地球大气层

地球被一层很厚的大气层包围着。整个大气层随着高度的不同表现出不同的特点，我们将之分为对流层、平流层、中间层、暖层和散逸层，再外面就是星际空间了。

对流层位于大气层的最底层，其厚度不定，随纬度和季节的变化而变化。对流层有其显著的特点：一是气温随高度的升高而递减，大约每上升100 m，温度下降0.6 ℃。由于贴近地面的空气受地面释放的热量影响膨胀上升，而上面的冷空气又下降，故在垂直方向上形成强烈的对流，对流层也因此得名。二是密度大，大气总质量的3/4以上都集中在此层。对流层受地球的影响较大，云、雾、雨等现象都发生在这一层内。

从对流层顶到约50 km高度的大气层称为平流层。此层对流现象减弱，这里基本上没有水汽，晴朗无云，很少发生天气变化，适合飞机航行。与对流层不同，此层的温度随着高度的增加而递增。

从平流层顶到约80 km高度称为中间层，这一层空气更为稀薄，温度随高度增加而降低。从80 km到约500 km称为暖层，这一层温度随高度增加而迅速增加，层内温度很高，昼夜变化很大，暖层下部尚有少量的水分存在，因此偶尔会出现银白并微带青色的夜光云。

暖层以上的大气层称为散逸层。这层空气在太阳紫外线和宇宙射线的作用下，大部分分子发生电离，这使质子的含量大大超过中性氢原子的含量。散逸层空气极为稀薄，其密度几乎与太空密度相同，故又常被称为外大气层，此层的温度随高度增加而略有增加。

二、光在大气中的传播

1. 光在大气中的散射

当我们避开太阳朝天空张望时，能看到蔚蓝的天空，也就是说我们所看的方向也有从太阳发射过来的光线，这说明，光线在天空中改变了方向。光在遇到大气分子或气溶胶粒子等的时候，会与它们发生相互作用，重新向四面八方发射出频率与入射光相同，但强度较弱的光，这种现象称光的散射。

2. 光在大气中的折射

光在到达大气与透明物体的分界面，或者光在到达密度不同的两层大气的分界面时，会发生传播方向的曲折，我们把这种现象称之为光的折射。

我们已经知道了各层大气的密度有所差异，光在各层大气中的折射率也有所不同，因此光在大气中传播，通过一层层密度不同的

大气时，在各层的分界面处会发生折射，使光线不沿直线传播而是发生弯曲，这样当太阳和其他星体的光线进入大气以后，光线就会拐弯。

3. 光在大气中的衍射

光波在传播过程中，遇到小尺度的障碍物时(指光波波长比障碍物尺度大得多)，光波具有的绕过障碍物而形成明暗相间光环的本领称光的衍射。例如光波可绕过小孔产生衍射，在纸屏上生成明暗相间的衍射光环。

在大气中传播的日光或月光遇到小云滴(小雨滴或小冰晶)等障碍物时，会绕过这些障碍物而产生衍射。例如，当天空中存在由均匀小云滴组成的透光高层云或透光高积云时，月光在透过云层时遇云滴而产生衍射，由于云滴大小均匀，形成的衍射环能叠加，从而出现以月亮为中心的一圈圈明暗相间彩色光环，这就是“华”。

4. 温度对光传播的影响

我们知道，光在大气层中的传播方向会发生改变，改变的幅度则与温度有关。暖空气使光弯曲较少，而冷空气使光弯曲较大。

三、星星为什么会眨眼

星体离地球大都很远很远，基本上只有一道光线到达地球。我们已经知道地球各层大气的成分、密度、温度等都有差异，也知道了光在穿过大气层到达我们眼睛时，传播方向会不断发生改变。如果那道光线散射偏离我们，星星便好像暂时消失；当光线刚好射进眼睛时，星星就重新出现，产生闪烁的效果。

星星为什么会眨眼是一个复杂的现象，通过本文的学习，相信大家一定已经有所了解。但是，请想一想，是不是所有“星星”都会眨眼呢？太阳会吗？月亮会吗？大家开动脑筋，自己去寻找答案吧！

14 电闪雷鸣

在干燥天气，用塑料梳子梳头发，梳子会吸引头发；在黑暗中脱下身上的尼龙衣服时，会听到“噼噼啪啪”的响声，同时还可看到闪烁的火花；不仅如此，当你的手指触及门把、水龙头、椅背等金属器物时会有电击感；还有穿着化纤衣服在地毯上行走，也时有针刺般的触电感。这些都是由摩擦产生的高压静电所引起的，静电现象是生活中一种常见的自然现象。

我们知道，两种不同的物体相互摩擦可以带上异种电荷，甚至干燥的空气与衣物摩擦也会带上异种电荷。两个带等量异种电荷的物体相互接触时，异种电荷就会相互抵消而使物体恢复成不带电的状态。这种现象叫做放电现象。

摩擦后所起的电荷在导电的物体上可迅速流动消失，而在不导电的绝缘体如化纤、毛织物等物体上就静止不动形成静电，并聚集起来，当达到一定的电压时就产生放电现象，发出响声和火花。

图1

一、雷电的成因

雷电是一种大规模的大气放电现象。在夏天的午后或傍晚，地面的热空气携带大量的水汽不断地上升到高空，形成大范围的积雨云，积雨云的不同部位聚集着大量的正电荷或负电荷，形成雷雨云，当雷雨云中带有正电荷的一块云和带有负电荷的一块云所带的电荷足够多、距离足够近时，两种电荷就要发生中和并产生火花。这种现象叫做火花放电。这种火花放电发出的强烈的光就是我们看到的闪电（如图1）。放电产生的巨大能量可使放电区域内的空气达到很高的温度（10^4 ℃），空气因受热膨胀、剧烈振动而发出巨大的声响，这就是我们听到的雷声。

图2

带电的云层靠近地面时，由于静电感应而使地面产生跟云层所带的不同性质的电荷，云层中如果带负电，则地面就带正电。当云层和地面所带的电荷越积越多，达到一定强度时，雷电也可能发生在云层和地面之间。因为高耸的物体上聚集了更多的感应电荷，对云层中的异种电荷有更大的吸引力，所以云层和地面之间的闪电常常容易打在孤立高耸的物体上（如图2）。

二、雷电的防护

实验证明，导体带电时，表面弯曲程度越大的地方，电荷的密度越大。物体的尖端部分弯曲程度最大，电荷的密度也最大，因而也最容易产生放电现象，这种现象叫做尖端放电现象。尖端放电可以用在避雷针上。避雷针是一个金属的尖端导体，把它安装在建筑物的顶端，并用粗钢缆把它与大地接通。钢缆要接到埋在地下的金属板上，保持避雷针与大地接触良好，当带电的云层与建筑物接近

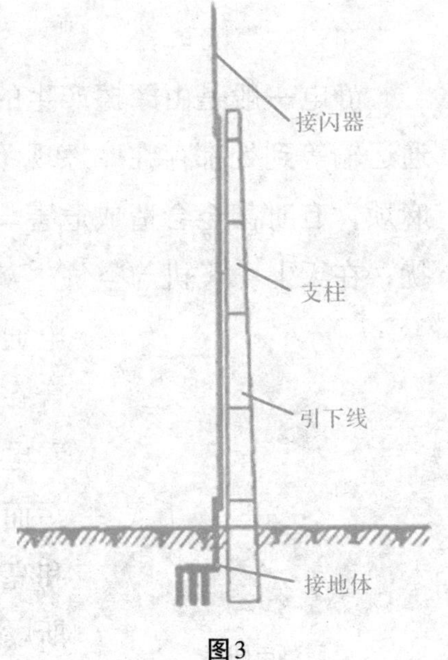

图3

时，通过接地导体和避雷针这条通道不断地进行尖端放电，可避免电荷积累而发生雷击（如图3）。

三、静电的应用

我们已经知道异种电荷是相互吸引的，给物质的微粒带上电以后，带电微粒就能在异种电荷的吸引下做定向运动。根据这一原理，给喷出的雾状油漆带上电，让它飞向带异种电荷的喷涂物件，这就是"静电喷涂"；给绒毛带上电，让它飞向事先涂了胶的带异种电荷的布面，这就是"静电植绒"；给烟囱或空气中的尘埃带上电，让它飞向一定的地方，就可以达到"静电除尘"的目的；"静电复印"也已经成为图书馆中不可缺少的设备。静电在各行业中的应用十分广泛，除上面列举的以外，还有静电照相、静电吸墨、淡化海水、喷洒农药、人工降雨、低温冷冻、宇宙飞船加料以及高压带电作业等许多方面。静电在近代科学研究中应用也很广泛，如静电加速器等。随着科学技术的发展，静电现象必将得到越来越广泛的应用。

四、静电的危害

静电一般是由摩擦产生的。人的活动、工厂中机械的工作、交通运输等到处都存在摩擦现象，由此产生的静电会给人们带来很多麻烦，有时甚至会造成危害。静电可对自动仪器和电子元件产生干扰；在天上，飞机与空气、灰尘等摩擦而带电，会干扰飞机的无线电通信；在印刷厂，静电会使纸张相互黏合在一起，难以分开，造成印刷困难；在看电视时，荧光屏面的静电吸附灰尘与油污而形成一层尘膜，使电视图像的清晰度和亮度大为降低；在煤矿，静电会引发瓦斯爆炸，严重的可导致人身伤亡。

防静电图标

静电对人体也是有害无利的。长期在静电辐射下，会使人焦躁不安、头痛、胸闷、呼吸困难、咳嗽。在家庭生活当中，不仅化纤衣服有静电，脚下的地毯、日常的塑料用具、锃亮的油漆家具以及各种家电均可能出现静电现象。静电可吸附空气中大量的尘埃，而且带电性越大，吸附尘埃的数量就越多。尘埃中往往含有多种有毒物质和病菌，轻则刺激皮肤，重则使皮肤起瘢生疮，更严重的还会引发支气管哮喘和心律失常等病症。

五、静电的防护

防止静电危害的基本方法是：

一、尽量选用纯棉制品作为衣物和家居饰物的面料，尽量避免使用化纤地毯和以塑料为表面材料的家具，以防止摩擦起电。

二、尽快把产生的静电导走，避免静电积累，油罐车后拖一条碰到地的铁链，就是这个道理。

三、增加湿度，使局部的静电容易释放，纺织厂房、雷管、炸药等生产车间对空气湿度要求特别严格，目的之一就是防止因静电引起的爆炸。

四、多吃蔬菜、水果、酸奶等食品，多饮水，同时补充钙质和维生素C，以减轻静电影响。

静电虽然常常给我们的生产和生活带来很多麻烦，但由于人们已经对它有了进一步的认识，变防护为利用，现在我们可借助于静电来除尘、复印，使静电为我们生产、生活服务。

15 天气变化的预兆

天气是一定区域短时段内的大气状态（如冷暖、风雨、干湿、阴晴等）及其变化的总称。风云雨雾都是天气的要素，它们的特征既能反映出当时天气状况又能告诉我们未来的天气趋势。解读有关这些要素的气象谚语，能帮助我们更好地了解天气变化。

一、看风测天

天气兴云致雨首先要有水汽，水汽是靠风来输送的，“东风送湿，西风干；南风送暖，北风寒”，风对天气变化有明显预兆。

“南风吹到底，北风来还礼”，这是冷空气经过前后风向的转换情况。冷空气南下到达本地之前，受暖气团影响盛吹偏南风，冷空气到达时，转为偏北风，风向转变前后，天气转阴有雨。

“西北风，开天锁，雨消云散天转晴”，吹西北风，表示本地已受干冷气团控制，预示天气转晴。

“云交云，雨淋淋”、“逆风行云天要变”，说明大气高低层风向不一致，易引起空气上下对流，产生雷雨等对流性天气。

季节不同，风向所反映的天气也不同。“一年三季东风雨，唯有夏季东风晴”、“东北风，雨祖宗”，表明吹了偏东风，一两天内天气将转阴雨，而夏季吹偏东风，将海上温度较低的气流吹到陆上，起调节气温的作用，不易下雨，尤其不易出现雷阵雨。

二、看云测天

俗语说：“云是天气的招牌”。云的形状、高低、移向直接反映了当时天气运动的状态，预示着未来天气的变化。民间很重视看云测天。

“云往东，一场空；云往西，水凄凄；云往南，雨成潭；云往北，好晒谷。”云往东或东南移动，表明高空吹西到西北风，故有“云往东，一场空”。“云往西”，指春夏之交，云从东或东南伸展过来，常是台风侵袭的征兆，所以会“水凄凄”了。云向南移，说明冷空气南下，冷暖气团交汇，所以，“云往南，雨成潭”。云向北移，表明本地区受单一暖气团控制，天气无雨便“好晒谷”了。

天空上下云层一致，天气比较晴好。高低层云移向不一致，天气变化会很剧烈、复杂。正如谚语所说：“天上乱云交，地上雨倾盆”、“顺风船，顶风雨”、“逆风行云天要作变”。

鲤鱼斑——透光高积云

有许多谚语告诉人们如何看天的颜色测天，如“乌云块块叠，雷雨眼面前”、“火烧乌云盖，有雨来得快”、“人黄有病，天黄有雨”、“日出红云升，劝君莫出门”、“傍晚黄胖云，明朝大雨淋”等。

钩卷云

还有许多谚语是根据云的类型测天气，如“天上鲤鱼斑，明天晒谷不用翻”。钩钩云气象上叫做钩卷云，它一般出现在暖锋面和低压的前面，钩卷云出现，说明锋面或低压即将到来，是雨淋淋的先兆。但是，雨后或冬季出现钩钩云，则会连续出现晴天或霜冻。如谚语所说：“钩钩云消散，晴天多干旱”、“冬钩云，晒起尘”。

三、看雨测天

雨雪天气现象出现的早晚、强度及方位，都对应着一定的天气形势，因而能判断推测出天气变化。

“雨前毛毛没大雨，雨后毛毛没晴天”，是指一开始就降毛毛雨，预示这场雨不会大，若降了大雨，转为下毛毛雨，预示仍要继续下雨，不易转晴。

“开门雨，下一指；闭门雨，下一丈”、“早落雨，晚砍柴；晚落雨，穿雨鞋”，是说清晨开始下雨，时间短，雨量小，晚饭前后下雨，时间长，雨量大。

“雨下中，两头空”，指中午下雷雨，时间短，两头晴天。

“久雨傍晚晴，一定转晴天”，指阴雨时傍晚前后雨止转晴，预示阴雨结束，天气转晴。

三、闻雷测天

民间百姓常根据雷声预测天气。“雷公先唱歌，有雨也不多”，这条谚语指的是未下雨之前就雷声隆隆，表明这次下雨是局部地区受热不均匀等热力原因形成的，又叫热雷雨，雨量不大，时间很短，局地性强，常出现“夏雨隔条河，这边下雨，那边晒日头”的现象。

“先雨后雷下大雨，不紧不慢连阴雨”、“雷声水里推磨，下雨漫满河”，这几条谚语指先下雨，雨后风静、闷热，雨势越来越猛，雷声不绝，预示要降暴雨；如在降雨过程中，雷声不紧不慢，打打停停，预示会出现连续阴雨。

“西南雷轰隆，大雨往下冲”，指西南方位起雷暴，来得慢，雨势猛，时间长。“西北雷声响，霎时雨滴滴”，指西北方雷雨来得快，风力大，有红云时还会降冰雹。

“东北方响雷，雨量不大”、“东南雷声响，不见雨下来”，也是

根据打雷的方向判定雨量的大小。

四、看雾测天

雾是常见的天气现象。特别是冬春，在晴朗微风的夜晚，地表附近气层里水汽含量较多，水汽凝结成雾，或是冷气团移向暖湿的地面时，也会形成雾。看雾也可以预测天气变化。

“白茫茫雾晴，灰沉沉雾雨”，有雾时，天空白茫茫，预示着晴天，如天气灰沉沉，预示雨天要来。“久晴大雾雨，久雨大雾晴”，久晴之后，空气中水汽较少，不易形成大雾，如有大雾出现，表明有暖湿空气移来，北方冷空气影响时，会转阴雨。久雨之后，冷空气已控制本地，夜间云层消散，有微风，早晨出现大雾，阴雨结束转晴。

不同季节出现大雾，预示未来天气也不一样。“春雾雨，夏雾热，秋雾凉风，冬雾雪”，指春天出现大雾，天要转阴雨；夏天大雾消散后，天气晴热；秋天有雾，表明有冷空气南下，会连续降雨；冬天有大雾，预示最近要下雪。

五、看天象测天

大气层中水汽、水滴、冰晶等悬浮物质，使日、月、星、辰在天空中出现多种色彩和许多光学现象，观察它们的变化，可以预测未来天气。

“朝霞不出门，暮霞行千里”。早上太阳从东方升起，如果大气中水汽过多，则阳光中一些波长较短的青光、蓝光、紫光被大气散射掉，只有红光、橙光、黄光穿透大气，天空便呈现红橙色，这表示西方的云雨将要移来，所以，“朝霞不出门”。到了晚上，看到晚霞，表明云雨已移到东方，天气将转晴，所以“暮霞行千里”。谚语“日出胭脂红，无雨也有风”、“日出红云，劝君莫远行”、“太阳照黄光，明日风雨狂”等也是这个道理。

“太阳正午现一现，以后三天不见面”，指前两天和当天上午阴雨，中午出现太阳，没有多久天气又转阴雨，预示天气将会连续阴雨。

六、看物象测天

动植物在气象条件发生变化时，其活动规律和习性也会发生一些变化，人们根据这些变化来预测天气。

“乌龟背冒汗，出门带雨伞”，指乌龟背壳潮湿，壳上的纹路浑而暗，是天要降雨的征兆；龟壳有水珠，像是冒汗，将要下大雨；龟壳干燥，纹路清晰，预示近期不会下雨。这是因为龟身贴地，龟背光滑阴凉，当暖湿空气移来时，会在龟背冷却凝结出现水珠，天将下雨，反之空气干燥，暂不会下雨。

“蛇过道，大雨到”、“水蛇盘柴头，地下大雨流”、“蚂蚁垒窝天将雨”、“蚯蚓封洞有大雨”、“蜻蜓飞得低，出门带雨衣”、“知了鸣，天放晴”、“蝉儿叫叫停停，连阴雨将要来临”、“鱼儿出水跳，风雨快来到”、“河里鱼打花，天上有雨下”，这些测天经验，几乎家喻户晓，它们都是动物对阴雨前气压低、湿度增大的生理反应。

在晴天转雨时，人们感到闷躁，疲倦不适。老人腰酸背疼，病人伤口发痒，关节疼痛，都预示天要阴雨。

现代科学技术的发展，让我们的生活变得更加舒适方便。我们可以通过网络、电视、报纸等等多种渠道准确而迅速地了解未来几天内的天气状况，无需再去通过观察天气要素来预测天气的变化。但是大家有没有想过，为什么我们司空见惯的这些现象却让我们的祖先有这么多的收获呢？这也是我们今天编写这篇文章的原因。希望通过它，能让大家学会关注生活、思考生活、欣赏生活、热爱生活。

16 全球性环境污染的主要问题——酸雨

同学们可能听过“酸雨”这个名词。那到底什么是酸雨？酸雨是怎么形成的？对环境和人有什么危害？有什么减少酸雨的办法？

一、酸雨的成因

在大自然中存在许多致酸物质，例如火山爆发所喷出的二氧化硫等气体、海洋所释放出的二甲基硫、高空闪电所导致的氮氧化物等、工业上燃烧煤所排放出的二氧化硫，甚至还包括城市里汽车尾气排放出来的氮氧化物等，这些物质在和大气中的水蒸气结合起来后，就会形成硫酸和硝酸小滴，使水蒸气进一步酸化。酸化的水蒸气遇冷形成雨水，这时落到地面的雨水就成了酸雨。煤和石油的燃烧是造成酸雨的罪魁祸首。

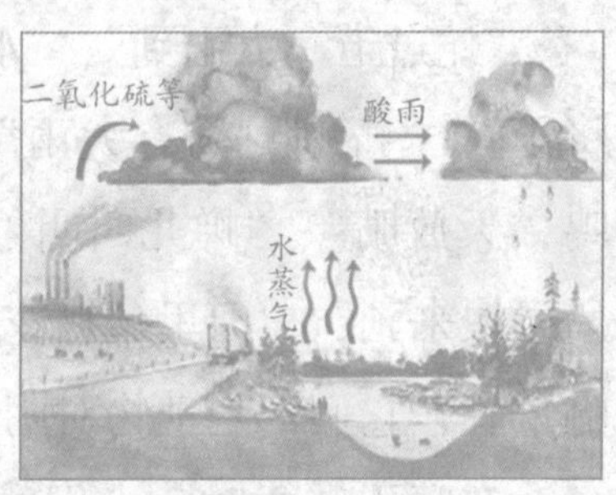

酸雨的形成

二、酸雨的危害

酸雨已成为当前全球性环境污染的主要问题之一。酸雨中含有多种无机酸和有机酸，绝大部分是硫酸和硝酸，以硫酸为主，硫酸和硝酸是由人为排放的二氧化硫和氮氧化物转化而成的。煤和石油的燃烧以及金属冶炼等工业活动会释放二氧化硫到空气中，通过气相或液相氧化反应生成硫酸。同时高温燃烧会使空气中的氮气和氧气生成一氧化氮，其在大气中与氧继续作用，大部分转化成为二氧化氮，遇水或水蒸气就会生成硝酸和亚硝酸。酸雨的主要危害有：

1. 导致城市云量增多，使城区日照时数和太阳辐射量均有减少。城市中烟尘粒子增多，使大气透明度变差，所以有人称城市为“烟霾岛”或“混浊岛”。烟尘大量削弱太阳光中的紫外线部分（在太阳高度较低时甚至可减少30%～50%），这对城市居民的身体健康也是不利的。

2. 导致土壤贫瘠化和酸化。酸雨会抑制土壤中有机物的分解和氮的固定，淋洗与土壤粒子结合的钙、镁、钾等营养元素，使土壤贫瘠化。另外，土壤中含有大量铝的氢氧化物，土壤酸化后，会加速土壤中含铝的原生和次生矿物风化而释放出大量铝离子，形成植物可吸收的铝化合物。植物长期和过量吸收铝会中毒，甚至死亡。酸雨还会诱发植物病虫害，使作物减产。

3. 损坏建筑物。酸雨使非金属建筑材料（混凝土、砂浆和灰砂砖）表面的硬化水泥溶解，出现空洞和裂缝，导致强度降低，从而损坏建筑物。

4. 酸雨能锈蚀工业设施中的金属材料，大大缩减工业设备的使用寿命，造成较大的经济损失，并有可能埋下安全隐患。

5. 影响人和动物的身体健康。雨的酸性对眼、咽喉和皮肤的刺激，会引起结膜炎、咽喉炎、皮炎等病症。酸雨使存在于土壤、岩石中的金属元素溶解，金属元素流入河川或湖泊，最终经过食物链进入人体，影响人类的健康。

三、酸雨的防治

防治酸雨是一个国际性的环境问题，不能依靠一个国家单独解

决，必须共同采取对策，减少硫氧化物和氮氧化物的排放量。经过多次协商，1979年11月在日内瓦通过了《控制长距离越境空气污染公约》（简称《公约》），并于1983年生效。《公约》规定，到1993年底，缔约国必须把二氧化硫排放量削减为1980年排放量的70%。为了实现许诺，多数国家都已经采取了积极的对策，制定了减少致酸物排放量的法规。

目前世界上减少二氧化硫排放量的主要措施有：

1. 原煤脱硫技术，可以除去燃煤中大约40%～60%的无机硫。

2. 优先使用低硫燃料，如含硫较低的低硫煤和天然气等。

3. 改进燃煤技术，减少燃煤过程中二氧化硫和氮氧化物的排放量。例如受到各国欢迎的液态化燃煤技术，它主要是利用石灰石和白云石与二氧化硫发生反应，使二氧化硫生成硫酸钙随灰渣排出。

4. 对煤燃烧后形成的烟雾在排放到大气之前进行烟雾脱硫。目前烟雾脱硫主要用石灰法，它可以除去烟气中85%～90%的二氧化硫气体。不过，脱硫效果虽好但费用昂贵。例如，在火力发电厂安装烟气脱硫装置的费用达到电厂总投资的25%之多。这也是治理酸雨的主要困难之一。

5. 开发新能源，如太阳能、风能、核能、可燃冰等，但是目前有的技术不够成熟，如果使用会造成新污染，且消耗费用十分高。

6. 生物防治。1993年在印度召开的“无害环境生物技术应用国际合作会议”上，专家们提出了利用生物技术预防、阻止和逆转环境恶化，增强自然资源的持续发展和应用，保持环境完整性和生态平衡的措施。专家们认为，利用生物技术治理环境具有巨大的潜力。煤是当前最重要的能源之一，但煤中含有硫，燃烧时放出二氧化硫等有害气体。生物技术脱硫符合“源头治理”和“清洁生产”的原则，因而是一种极有发展前途的治理方法，越来越受到世界各国的重视。

环境污染日益严重地威胁人类的生存，保护环境，从我做起，从现在做起。

17 为什么会全球变暖

根据气象学家的统计，自20世纪70年代起，全球气候已明显变暖。是什么原因导致全球气候变暖？

科学家们给出了许多解释，有些科学家认为是太阳活动的增强导致地球变暖。也有些科学家认为这种说法缺乏足够的证据。不过，大家普遍赞同的观点是：全球温室气体的不断增加是导致全球气候变暖的原因之一。

温室气体指的是大气中能吸收地面反射的太阳热量，并重新发生辐射的一些气体，如水蒸气、二氧化碳、大部分制冷剂等。虽然对大气而言，温室气体只是一个小小的组成部分，但它的作用却不可小视。

地球表面吸收了太阳发出的可见光辐射，慢慢升温。同时，地球表面也会辐射红外线，把热量放回太空，为地球降温。表面吸收的阳光越多，放回太空的红外线就越多，直到散失到太空的热量与地球从太阳那里吸收到的热量达到均衡。

消融的冰层

占据空气成分99%的气体（氮气、氧气和氩气）既不吸收可见光，也不吸收红外线，因此，这两种辐射都可以畅通无阻地穿越这些气体。温室气体所占空气成分的比例仅次于上述气体，能吸收一部分地球放出的红外线热辐射，由此能困住这些热量，让它们无法返回空间，这就是温室效应。适度的温室效应对地球生物具有重要意义。如果没有温室效应，我们地球的表面将像火星一样寒冷。但是，当水蒸气、二氧化碳和其他温室气体增加时，大气这层保温毯就变得越来越热。

我们能明确估算出额外的二氧化碳、甲烷、一氧化二氮和其他少量气体的加热效应，因为这些气体的性质已经在实验室里经过了仔细测量。全球人口的急剧增长、世界经济的高速发展、人类对自然资源的无节制开发和生态环境的日益恶化，使得全球温室气体不断积累增多。它们所截留的总热量相当于地球表面太阳辐射吸收总量的1%。

听起来似乎微不足道，但地球的热平衡稍有变化，就可能导致许多严重的后果。如两极地区冰川融化，海平面会上升淹没海拔较低的陆地；各地的气温和降水的变化将影响动植物群落发展；生态环境的改变将影响人类健康，甚至会产生高温、热浪、热带风暴、龙卷风等各种自然灾害。所以，控制温室气体的排放已经成为全世界的共识。

全球变暖是每一个地球公民都应该关注的问题。我们应该从自己做起，从身边的小事做起，自觉做好环境保护工作。

18 塑料——让我欢喜让我忧

据报道，阿联酋一个12岁的女孩，因为连续16个月使用同一个矿泉水瓶，得了癌症。研究发现，塑料瓶里面含有一种叫做PET的物质，这种物质使用一次是安全的，但如果你为了节俭或图方便而重复使用该类塑料瓶，健康就会受到威胁。塑料里到底隐藏着哪些不为人知的秘密呢？

可回收塑料的代码与对应的缩写代号

我们通常所用的塑料并不是一种纯物质，它是由许多材料配制而成的。其中高分子聚合物(或称合成树脂)是塑料的主要成分，此外，为了改进塑料的性能，还要添加各种辅助材料，如填料、增塑剂、润滑剂、稳定剂、着色剂等，才能成为性能良好的塑料。

塑料的出现给人类带来了极大的便利，由于其成本低廉、抗腐蚀能力强、可塑性强等优点，自发明之日起就广受欢迎，成为最重要的生活必需品。你注意到了吗？塑料制品的底部都有一个带箭头的三角形，三角形里面有一个数字，这些数字代表着什么呢？日常使用中我们又该注意些什么呢？

1—PET（聚对苯二甲酸乙二醇酯，简称聚酯） 常见于矿泉水瓶、碳酸饮料瓶等。温度达到70℃时易变形，且有对人体有害的物质融出。使用10个月后，可能释放出致癌物DEHP（邻苯二甲酸二辛酯）。因此，这类瓶子用完后就不要再用作水杯，不能放在汽车内晒太阳，不能用作储物容器盛装酒、油以及其他物品，以免引发健康问题。

2—HDPE（高密度聚乙烯）　常见于白色药瓶、清洁用品、沐浴产品。这些容器通常不易清洗，残留有原有的清洁用品，变成细菌的温床，最好不要循环使用，也不要用作水杯或储物容器装其他物品。

3—PVC（聚氯乙烯）　常见于雨衣、建材、塑料膜、塑料盒等。这种材质可塑性优良，价钱便宜，使用很普遍，但遇80℃高温时容易产生有害物质，难清洗、易残留，很少被用于食品包装，如果使用，记住千万不要让它受热。

4—PE（聚乙烯）　又称LDPE（低密度聚乙烯），常见于保鲜膜、塑料膜等。合格的PE保鲜膜在超过110℃高温时也产生有害物质，并且，用保鲜膜包裹食物加热，食物中的油脂很容易将保鲜膜中的有害物质溶解出来。因此，食物放入微波炉时，先要取下包裹着的保鲜膜。

5—PP（聚丙烯）　常见于豆浆瓶、优酪乳瓶、微波炉餐盒，熔点高达167℃，是唯一可以放进微波炉的塑料制品，可在小心清洁后重复使用。需要注意的是，有些微波炉餐盒，盒体以微波炉专用5号PP制造，但盒盖却以1号PET制造，由于PET不能抵受高温，故不能与盒体一并放进微波炉。为保险起见，容器放入微波炉前，应先把盒盖取下。

6—PS（聚苯乙烯）　常见于碗装泡面盒、快餐盒。耐热60℃~70℃，燃烧时会释放致癌物苯乙烯。使用中避免用快餐盒打包滚烫的食物或装热饮料，不用微波炉煮碗装方便面，以免因温度过高而释放出有害物质。

你想过怎么适当地处理它们吗？

7—OTHERS（其他类PC）　常见于水壶、太空杯、奶瓶。超市、银行等常用这些材质的水杯当赠品。不过，这种材质的水杯很容易释放有毒物质双酚A，对人体有害。PC中残留的双酚A，温度愈高，释放愈多，释放速度也愈快。因此，不应以PC水瓶盛热水，另外，使用这种水杯时不要加热，尽量不让水壶在阳光下直射。

随着加工工艺的进步和技术的突破，塑料技术的发展日新月异，塑料制品已渗透进我们生活的方方面面，针对某些特殊应用的新型塑料不断问世。

1. 新型导电塑料　通常认为塑料导电性极差，因此被用来制作导线的绝缘外套。澳大利亚的研究人员发现，当将一层极薄的金属膜覆盖至一层塑料层之上，并借助离子束将其混入高分子聚合体表面，可以生成一种价格低、强度高、韧性好且可导电的塑料膜。日本新开发出以植物为原料的生物塑料，其热传导率与不锈钢不相上下。该公司在以玉米为原料的聚乳酸树脂中混入长数毫米、直径0.01毫米的碳纤维和特殊的黏合剂，制得新型高热传导率的生物塑料。如果混入10%的碳纤维，生物塑料的热传导率与不锈钢不相上下；加入30%的碳纤维时，生物塑料的热传导率为不锈钢的2倍，密度只有不锈钢的1/5。这种生物塑料除导热性能好外，还具有质量轻、

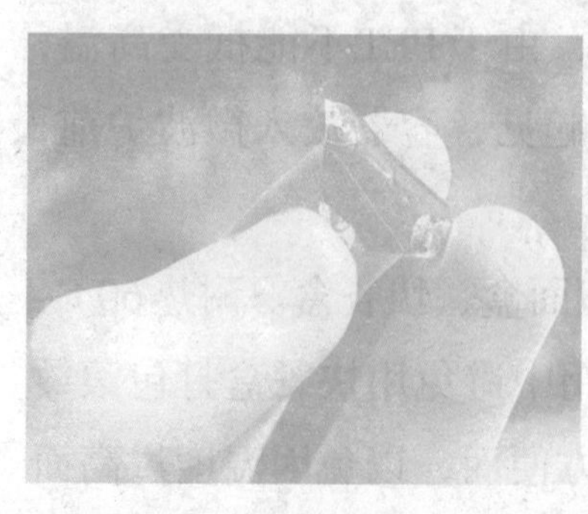

一块可导电塑料的样品

易成型、对环境污染小等优点，可用于生产轻薄型的电脑、手机等电子产品。

2. 可变色塑料薄膜 英国和德国的研究人员共同开发出一种可变色塑料薄膜。这种薄膜把天然光学效果和人造光学效果结合在一起，实际上是让物体精确改变颜色的一种新途径。这种可变色塑料薄膜为塑料蛋白石薄膜，是由在三维空间叠起来的塑料小球组成的，在塑料小球中间还包含微小的碳纳米粒子，从而光不只是在塑料小球和周围物质之间的边缘区反射，而且也在填在这些塑料小球之间的碳纳米粒子表面反射。这就大大加深了薄膜的颜色。只要控制塑料小球的体积，就能产生只散射某些光谱频率的光。

3. 塑料血液 英国的研究人员开发出一种人造“塑料血”，外形就像浓稠的糨糊，只要将其溶于水后就可以给病人输血，可作为急救过程中的血液替代品。这种新型人造血由塑料分子构成，一块人造血中有数百万个塑料分子，这些分子的大小和形状都与血红蛋白分子的类似，它们还可携带铁原子，像血红蛋白那样把氧输送到全身。由于制造原料是塑料，因此这种人造血轻便易带，不需要冷藏保存，使用有效期长，工作效率比真正的人造血还高，而且造价较低。

4. 新型防弹塑料 墨西哥的一个科研小组最近研制出一种新型防弹塑料，它可用来制作防弹玻璃和防弹服，质量只有传统材料的1/5。这是一种经过特殊加工的塑料物质，与正常结构的塑料相比，具有超强的防弹性。试验表明，这种新型塑料可以抵御直径22毫米的子弹。通常的防弹材料在被子弹击中后会出现受损变形，无法继续使用。这种新型材料受到子弹冲击后，虽然暂时也会变形，但很快就会恢复原状并可继续使用。此外，这种新材料可以将子弹的冲击力平均分配，从而减少对人体的伤害。

任何事物都有它的利弊两面性，随着生活节奏的加快和塑料应用范围的不断拓展，塑料的弊端也逐渐呈现。其实塑料具有不可降解性，掩埋在地下200年至300年也不会腐烂，会破坏土壤的通透性，降低土壤质量，影响植物的生长和地下水水质；而焚烧塑料则要产生大量有害烟尘和二噁英等有毒气体，污染大气环境。塑料制品的主要成分是从原油、天然气和其他石化产品中提炼出来的。据统计，美国每年要耗费1 200万桶石油去生产消费者使用的塑料袋。2007年7月，印度孟买因大量的废旧塑料袋堵塞城市下水道，导致排水不畅，致使1 099人在暴雨引起的洪灾中死亡。野生动物因误食塑料袋而致命的情况也屡见不鲜……如果可能，建议尽量少用塑料制品，使用过的塑料包装也不要随意丢弃。

从不同的角度看同一件事物，得出的结论可能是完全不同的，我们要学会从正面、从积极的角度去看待事物。塑料是一把双刃剑，它在给人们的生活带来极大的便利同时，也暗藏着巨大的隐忧，除了由来已久的白色污染问题，近来直接影响健康的塑料安全性问题被推向公众视野。爱护环境，慎用塑料，加快科技研发，推广使用可降解的新型塑料才是可行之路。

19 食盐——“盐”之有理

一、食盐的成分

食盐中的主要成分是氯化钠，此外还含有少量的氯化钾、氯化镁、氯化钡、硫酸钙、硫酸镁、硫酸钠及铁、磷、碘等。此外，食盐中还含有少量水分。

食盐中的氯化钠含量越高，它的质量就越好。含氯化镁多的食盐不但容易受潮，而且具有苦味，使烧的菜变得苦咸，也会使腌肉、腌鱼、腌蛋和腌菜都带有苦味。氯化钡是有毒的，某些地方的井盐含氯化钡比较多，吃了以后会中毒。有的土盐中还含有较多的氟，吃了以后也会中毒。

二、盐的种类

（1）粗盐。一般生产出来的海盐、湖盐、井盐、土盐都是粗盐，粗盐中带有少量泥土，结晶比较粗，颜色不够洁白，含氯化镁也比较多，所以粗盐放在空气中容易吸收水分而变潮。食盐潮了，可以放在锅里炒一下去除水分。粗盐中含的碘相对要多一些，这是它的优点。

食 盐

（2）再制盐。再制盐又称精盐，是由粗盐经过再结晶而制成的，它把粗盐中的泥土除去了，所以颜色比较白，颗粒也比较细。再制盐中氯化镁比较少，不容易受潮，但其中

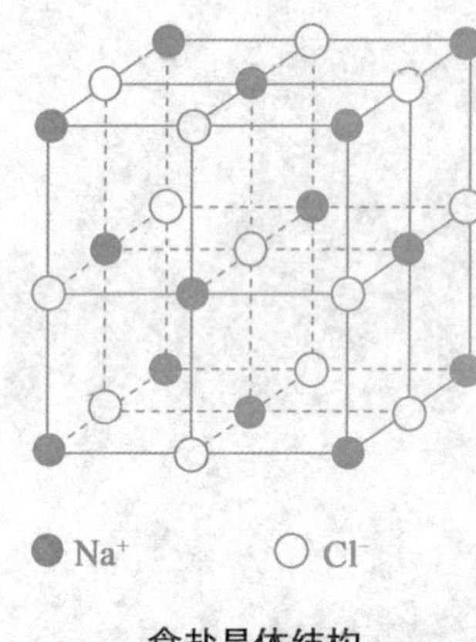

食盐晶体结构

碘的含量也比粗盐少，这是再制盐的一个缺点。有的地方生产出来的食盐缺少碘，在精制时特意在盐里加进一些碘，这种盐被称为加碘盐，它的优点是可以防止人们因缺碘而引起甲状腺肿大的病症。

三、盐的作用

盐是人类生活中不可缺少的主要调料，对人体健康具有重要的作用。它在体内可维持酸碱平衡，又可维持渗透压，同时还是合成胃酸的主要原料，可促进唾液分泌，增进食欲。

高温季节大量出汗，剧烈运动，或者患呕吐、腹泻等疾病时，人体排出的盐分过多，就会引起身体疲乏、食欲不振、头昏、恶心等症状。这时应该多喝加盐的开水，补充人体流失的盐分。

人体里的血液中都含有盐。血液是由血红细胞和液体血浆组成的。在正常情况下，细胞内的溶液跟细胞外的血液能维持一定的浓度达成平衡。如果把生理盐水调稀了或错用了蒸馏水，那么，输液后血浆的浓度会变稀。此时，细胞膜内外的浓度不再平衡。而细胞膜是一种半透膜，只允许水分子等自由通过。为了维持浓度的平衡，水分子将从浆液中渗透到细胞膜内。结果就引起血细胞的膨胀，甚至破裂，发生溶血现象。反之，若生理盐水浓度过高，血细胞里的水分又会向外渗透。因此，在一般情况下，生理盐水的浓度必须是0.9%。虽然人体不能缺盐，但饮食也不宜太咸。食盐摄入过多易导致高血压，还会促使钾离子排出，造成体内缺钾现象。

放大的食盐晶体

四、“盐”之有理——食盐的选购

大家都知道，我们平时吃的普通盐是由纯度高达98%的氯化钠组成的，钠离子会增强血管表面的张力，所以食盐过多会造成人体内血流加快，使血压升高。因此，医生会嘱咐高血压患者应尽量少吃盐。可患高血压的人很多，他们其中一部分人口味又偏重，那该怎么办呢?

市面上有一种叫低钠盐的食盐，这种盐对于高血压和心脑血管疾病患者很有好处。低钠盐里只含有65%的氯化钠，同时还有25%的氯化钾和10%的硫酸镁。由于氯化钾也是一种盐类，所以，低钠盐的咸味儿和普通精制盐的咸味儿相差无几。人们食用低钠盐以后，不但把每天摄取钠离子的量大大降低了，还解决了人体中钠离子和钾离子平衡的问题。所以，低钠盐有预防高血压、保护心脑血管的作用。

经常患口腔溃疡的朋友，吃饭时会受食盐的刺激，非常难受。当人体缺乏维生素B2，也就是缺乏核黄素的时候，就会出现口腔溃疡之类的症状。专家告诉我们，由于人们生活的精细化，很多人都缺乏维生素B2。粮食当中的维生素B2在加工过程当中大量流失了；蔬菜由于残留着农药，人们反复用水浸泡洗涤，也会造成维生素B2的流失，这就使得人体摄取维生素B2的量不够。鉴于这种情况，可食用核黄素盐试试。

竹盐是把天然海盐放入新鲜竹子里，经过多次高温烤制而成的，呈碱性；而碱性食盐会对人们在日常生活中由于膳食搭配不合理造成的弱酸性体质起到中和作用。在竹盐烧制的过程当中，竹子的香味会渗到盐里。同时会有一部分氯变成氯气跑掉，这种盐的钠离子相对偏高，所以高血压患者应该慎重选择。

五、食盐过多影响健康

盐是人们日常生活中必不可少的调味品，缺了它饮食无味，还

会觉得软弱无力；然而，若长期摄入过多食盐，则很容易影响健康，诱发疾病。按照国际标准，一个成年人每天的盐分摄入量大约是3克～6克。但是如果是一个北方人，口味比较重，加上他吃酱油、咸菜、酱豆腐之类的食品，他每天的盐分摄入量就会达到20克。每天多吃下去的这几勺盐，可能正在威胁他的健康。

（1）饮食过咸会伤骨。饮食中钠盐过多，会使肾对钙的排泄增加。同时，钠盐还刺激人的甲状旁腺，使之分泌出较多的甲状旁腺素，激活“破骨细胞”膜上的腺苷酸环化酶，促使骨盐溶解，因而易患骨质疏松，甚至骨折的症状。

（2）饮食过咸易患感冒。人体内氯化钠浓度过高时，钠离子会抑制呼吸道细胞的活性，使细胞免疫能力降低，同时由于口腔内唾液分泌减少，口腔内溶菌酶也减少，这样口腔咽部的感冒病毒就易于侵入呼吸道。由于血液中氯化钠浓度增高，也可使人体内干扰素减少以致抵抗力降低。所以日常吃盐过多的人易患感冒。

（3）饮食过咸会引起胃炎、胃癌的发生。食入过量的高盐食物后，因食盐的渗透压高，对胃黏膜会造成直接损害。高盐食物还能使胃酸减少，并能抑制前列腺素E2的合成，而前列腺素E2具有提高胃黏膜抵抗力的作用，这样就容易使胃黏膜受损而产生胃炎或胃溃疡。同时高盐及盐渍食物中含有大量的硝酸盐，它在胃内被细胞转变为亚硝酸盐，亚硝酸盐又与食物中的胺结合成亚硝酸铵——一种具有极强致癌性的物质。

我们一日三餐，几乎顿顿离不开盐，可“食”盐也有不少讲究。科学地用盐，可大大提高我们的健康水平，大家可不能忽视哟！

20 小小肥皂中的科学知识

一、肥皂的历史

皂 荚

衣服穿久了会变脏，带有污渍的衣服是滋生细菌的温床，脏东西还会毁坏衣物纤维。所以正如我们要天天洗脸一样，衣服也要勤洗勤换。古时候，人们在河边青石板上，将衣服折叠好，反复用木棒捶打，靠清水的力量洗去污垢。这样效果不够好，还很费力。后来有人发现一种天然碱矿石，溶化在水里滑腻腻的，去油污非常有效；皂荚树结的皂荚果，泡在水里也可用来洗衣服；如果当地既无天然碱，又不长皂荚树，烧一把稻草或麦秆，把草木灰浸到水里，用布过滤出水来，这种草木灰溶液里含有碳酸钾，和天然碱的水溶液一样，也能洗掉油污。古时候的高卢（即现在法国）人用草木灰、山羊油和水制成一种粗肥皂。稍后一些时候，人们将猪油拌和天然碱，反复揉搓挤压，得到跟今天肥皂差不多的“猪胰子皂”。说不定现在的老年人还用过这种猪胰子皂呢！难怪有些地方至今仍称肥皂为“胰子”。我们现在用的肥皂是从工厂的大锅里熬出来的。制皂工厂的大锅里盛着混合油脂（以硬化油为主，混合一定比例的牛油、猪油或椰子油），然后加进烧碱（氢氧化钠）用火熬煮。油脂和氢氧化钠发生化学反应，生成肥皂和甘油。因为肥皂在浓盐水中不溶解，而甘油在盐水中溶解度很大，所以当熬煮一段时间后，倒进去一些食盐细粉，大锅里便浮出厚厚黏黏的一层膏状物。用刮板把它刮到肥皂模型盒中，加入一定量的水玻璃、松香等填料，冷却以后就形成一块块的肥皂了。

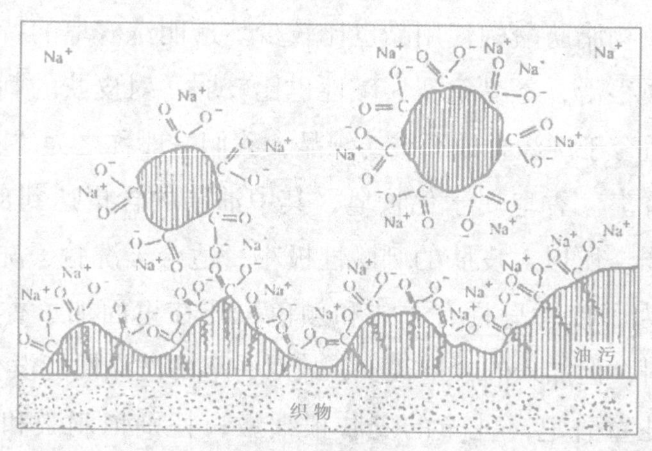

肥皂去污原理示意图

二、多种多样的肥皂

我们常见到的肥皂种类多种多样，有黄色的洗衣皂、红色的药皂、五颜六色的香皂。它们同属肥皂，制造的原料和生产的原理都是相同的，都是利用动、植物油和碱为原料，经皂化反应制成的，不同点是它们对原料的要求不尽相同。

（1）普通洗衣皂。在各种类型的肥皂中，普通洗衣皂中油脂的含量最少，它的油脂含量只有42%～53%，洗衣皂中还含有未起皂化反应的烧碱，质量差的洗衣皂中还含有比较多的动、植物脂肪酸的代用品。因此，洗衣皂虽然被普遍使用，但它却有两个缺点：第一，它的碱性比较强，只适用于洗涤棉、麻纺织品，而不能用来洗涤丝、毛织物，丝、毛织物受到碱的腐蚀，其纤维会变得紧缩而使织物变形；第二，洗衣皂中含油脂少，对皮肤有刺激作用，它所具有的碱性，能把皮肤上的皮脂中和掉，损害皮肤。要注意，千万不

可以用普通洗衣皂来洗脸和洗头，如果用洗衣皂将头皮上的皮脂洗掉了，会使头皮直接暴露在外面，将严重损害我们的健康。

（2）透明洗衣皂。市售的透明洗衣皂的原料中，除了含有一般的动、植物油脂外，还用了比较多的透明的化学制剂（如甘油等），而且动、植物脂肪酸的代用品也比较少。透明洗衣皂的特点是外观透明，皂质很滑，不易龟裂，碱性也比较弱，对皮肤的刺激性比较小，它很适合于洗涤合成纤维纺织品，我们一般称之为“肥皂”。

（3）香皂。香皂属于化妆皂，其中油脂的含量达到80%以上，碱性非常弱，所以对皮肤的刺激性极小，适合于洗脸、洗头、洗手和洗澡。为了使香皂具有香味和颜色，还在里面加了香料（如檀香）和染料，但加入的含量很少，故对香皂的洗涤性能没有影响。

（4）儿童香皂。儿童的皮肤很细嫩，特别怕刺激和碱性的腐蚀，所以儿童香皂中除了油脂的含量特别高以外，还加入了少量硼酸和羊毛脂，使它比较润滑。儿童香皂是一种接近中性的肥皂，刺激性最小，是质量很好的香皂。

（5）剃须皂。剃须皂也是一种化妆皂，它的特点是容易发泡，泡沫细而多，并且能够持久。剃须皂以氢氧化钾为原料来代替一般肥皂中的氢氧化钠，所以皂质柔软，使用后能使胡须变软，皮肤润滑。

（6）药皂。如果在肥皂的原料中加入少量的药物和消毒剂，就可以制成药皂。硼酸皂是质量最好的药皂，它的油脂含量比一般香皂还要高，刺激性小，不伤害皮肤，可用于洗脸、洗手和洗澡。有的药皂中含有石碳酸（苯酚）或来沙尔（杂酚皂液），它们起消毒作用，可以用来洗手、洗澡以杀灭吸附在手上和身上的细菌，但这两种药皂有一定的刺激性，不能用来洗脸和洗头。

三、怎样判别肥皂的好坏

肥皂质量的好坏取决于以下几方面。

（1）肥皂的质量和原料中所含的油脂（脂肪酸）的多少有关，油脂含量越高，肥皂的质量越好，对皮肤的刺激性也越小。

（2）肥皂的质量还和原料中油脂的种类有关。一般来说，用植物性油脂（椰子油、橄榄油等）制造出来的肥皂的质量比用动物性油脂制造的好。有的地方还用动、植物脂肪的代用品来代替油脂，这种代用品的含量越高，肥皂的质量就越差，用这种肥皂洗手后，手上会感到发黏。

（3）肥皂的质量还和未皂化的杂质含量有关。如果未皂化的氢氧化钠（即没有和油脂发生反应生成硬脂酸钠的氢氧化钠）含量越多，肥皂的碱性就越强，泡沫也越少，质量就较差。如果用肥皂洗手，把水擦干后，手上感到发黏，说明肥皂中含有大量未皂化的物质。

（4）肥皂的软硬不但取决于所用的原料是氢氧化钠还是氢氧化钾，还与所用脂肪酸的性质有关，脂肪酸的性质较硬，制造出来的肥皂就比较硬，反之，则比较软。

肥皂是日常生活用品，里面蕴含了许多科学知识。在日常生活中我们要多留意，多思考，科学就在我们身边。

21 电灯为什么能发光

电灯是人类历史上最伟大的发明之一。它结束了昏暗、危险的烛火和煤油灯时代，给人类以持久和便宜的光源。电灯的出现不仅改变了人类千百年来日出而作、日落而息的作息习惯，还使城市夜晚的面貌焕然一新。

电灯通电后为什么能够发出光亮呢?

我们知道，当某些物体（比如铁条）被加热到一定的温度后，就会发红。科学家研究发现当物体温度达到1 700℃以上就会发出白光，这种状态叫白炽状态。人类起先发明的电灯——白炽灯就是利用了这一原理。当电流通过灯丝时，会产生热量，螺旋状的灯丝不断将热量聚集，使得灯丝的温度高达2 000℃以上，这样灯丝就达到了白炽状态，就发出了很亮的光。灯丝的温度越高，发出的光就越亮。

可是，从能量转换的角度看，白炽灯发光时，大量的电能将转化为热能，只有极少一部分可以转化为有用的光能。而且，白炽灯的功率（瓦数）越大，寿命就越短。因为温度越高，灯丝就越容易升华。当钨丝升华到比较细瘦时，通电后就很容易被烧断，从而结束灯泡的寿命。

20世纪70年代，科学家又发明了节能灯。节能灯又叫紧凑型荧光灯，它的光效是普通灯泡的5倍，寿命是普通灯泡的8倍，而且体积小，使用方便，节能效果十分明显，受到了人们的普遍欢迎。节

能灯的发光原理和普通白炽灯不同，这种灯的灯丝上涂有一层电子粉，只要温度达到887℃，灯丝就开始发射电子，经过一系列的原子碰撞后，灯管内产生紫外线，这些紫外线会激发荧光粉发光。由于荧光灯工作时灯丝的温度在887℃左右，比白炽灯工作时的温度低很多，所以它的寿命也大大提高，达到5 000小时以上；又由于它不存在白炽灯那样的电流热效应，荧光粉的能量转换效率也很高，所以节能效果很明显。

钨丝灯泡

在城市的大街上，五彩缤纷的霓虹灯是不可缺少的夜景装饰。霓虹灯之所以能够发出五彩的光，原理是这样的：在密闭的玻璃管内，充有氖、氦、氩等气体，灯管两端装有两个金属电极，电极一般用铜材料制作。在高电压作用下，管内气体开始导电，这样就发出了有色彩的光辉。要产生不同颜色的光，就要用许多不同颜色的灯管或向霓虹灯管内装入不同的气体。如果在淡黄色灯管内装氖气就会发出金黄色的光，如果在无色透明灯管内装氖气就会发出黄白色的光。

除了上面所说的常见的灯以外，在各种不同的场合，人们还发明了各种不同的灯。如LED灯、卤素灯、高频无极灯等，这些新型的电灯都在朝着高亮、节能、环保、长寿的方向发展。

本文不仅让我们了解了电灯发光的基本原理，而且介绍了具有各种特殊用途的现代电灯。

22 铝合金为什么不生锈

铝合金门窗框、铝合金饭锅、铝合金车轮……现代生活中，人们到处可以看到铝合金的身影。虽然铝合金的强度一般不如钢铁，但是它轻巧，而且不易被锈蚀，在强度要求不高的地方完全可以替代钢铁。

铝合金为什么不容易被锈蚀呢？

其实，铝合金并不是不生锈，暴露在空气中的铝合金会与空气中的氧气发生反应，在其表面形成一层叫做“氧化铝”的薄膜，这层薄膜也叫做铝锈。铝锈有两个特点：一是非常薄，把一万层的铝锈叠在一起还比不上一粒绿豆那么高；二是非常耐磨，一般不容易从铝合金表面脱落。因为铝锈很薄，所以人们不太容易觉察到它的存在。同时，铝锈紧贴着铝合金的表面，有效地阻隔了空气与铝的接触，形成了一层理想的保护膜，使得铝合金不会继续生锈。

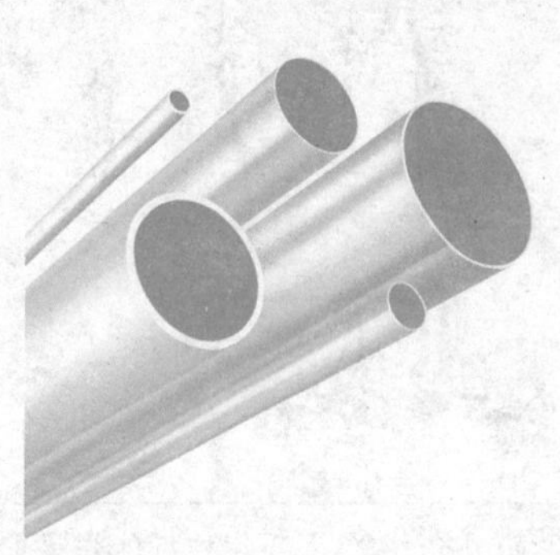

铝合金管与铝合金窗

为了强化这层保护膜的作用，许多铝合金厂家在产品出厂时，要对产品进行阳极氧化处理。这是通过工业手段，使铝合金表面更好地生成致密的氧化膜。这个过程有点像电镀，不过不是在铝合金表面镀一层金属，而是使铝合金本身氧化生成致密的氧化膜。

知道了这个道理，平时我们在清洁铝合金制品时，应该注意使用正确的方法。可用软布蘸清水或中性洗涤剂轻轻擦拭，如果用钢丝球或沙子用力擦拭，或者用去污粉、洗厕精等强碱的清洁剂，会破坏铝合金表面的保护膜——铝锈，不利于铝合金制品的保养。

铝合金原来也会“生锈”，铝合金是以生锈的办法来阻止自己被进一步腐蚀。

23 不平凡的自行车尾灯

自行车的后轮挡板上通常装有细巧、精致的红色或黄色塑料罩，乍看起来，它似乎纯粹是车上一种附属的装饰品，其实不然，它是一盏被动式的无源光学车灯，称为尾灯。其作用是不管入射光从哪个角度射来，它的反射光都能按原方向反射出去。自行车在夜间行驶时，后面开来的汽车灯光照在尾灯上，使尾灯看上去特别显眼，就会引起司机的注意。

将尾灯从自行车的后轮挡板上拆下，我们可观察到它常由红色塑料压制而成，其外表面是一平面，内表面排列着许多正方体的微棱镜，它们构成一组直角锥棱镜阵列，如图1所示。

图1

根据光的反射定律和光的折射规律可知：经过直角锥棱镜的两次折射和三次反射后的光线必然与原来的入射光线方向相反。我们把直角锥棱镜的这一特性称为“回光特性”。当后面汽车的灯光从任何方向射到尾灯时，它都会把光线反向射回去。图2a是它的剖面示意图，图2b是光线射在直角锥棱镜上的光路图。

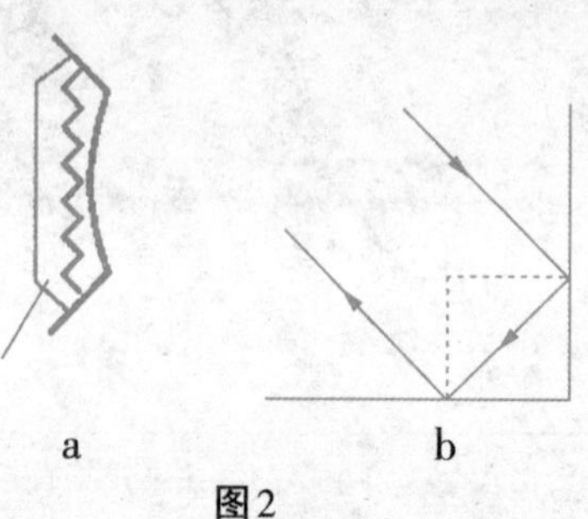

图2

这种直角锥棱镜不仅可用来制作尾灯，还可用于测量月亮到地球的距离。

17世纪时，天文学家利用三角学的方法测出了月地距离，但是误差高达3.2 km。1957年以后，利用微波雷达测月地距离，得到的结果误差为1.1 km。

1960年激光器问世了。激光一诞生，就引起了人们的注意：它非常亮，比太阳表面的亮度高得多，它方向性极强，向月球发射的激光光束，经过大约4×10^5 km的奔驰，仍能集中在一个2.7 km直径的范围内。

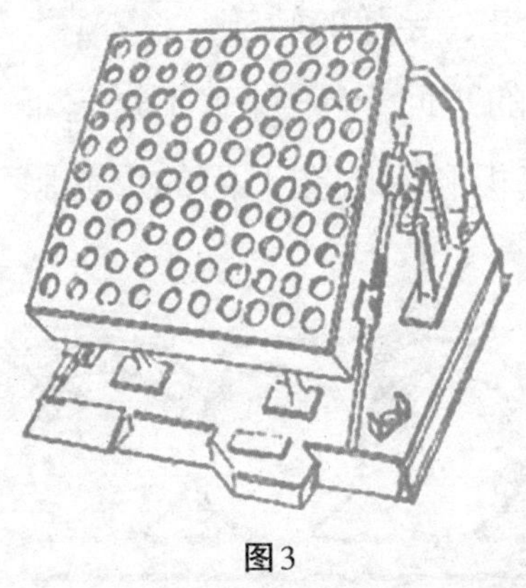
图3

1962年5月，美国马萨诸塞理工学院的一个研究小组把红宝石激光射向月球，大约2.6 s后收到了从月球反射回来的激光信号。根据光在月地间的传播速度和激光跑一个来回所用时间，研究小组得到了月地距离大约是389 730.19 km。

这个数字比过去要准确多了，但仍是个大约数。因为激光测月需把激光射向月球表面。月球表面布满了尘埃，高低不平，激光照到上边发生的是漫反射，真正反射回地球的激光微乎其微，这些反射光又被大气吸收一些才能到达地面上的接收器里。另外，月球表面凹凸不平，这也造成了测量误差。

1969年7月，阿波罗11号的宇宙航行员第一次登上了月球，在上边放置了一台重30 kg的直角锥棱镜阵列。它由100块石英制的直角锥棱镜组成，排列成10行，每行10块，如图3所示。直角锥棱镜阵列刚放好，各国科学家立即向它发射激光。宇航员还没有离开月球，日本科学家就捕获到了反射光。过了十多天，美国科学家测量

到地球与月球上直角锥棱镜的距离是383 911.218km，误差在45m以内。

后来，人们又不断把直角锥棱镜阵列送到月球，其中效果最好的是阿波罗15号宇宙飞船送去的直角锥棱镜组，它由300块直角锥棱镜组成。各国科学家使用高质量的激光器和精密的计时仪器，已经把误差减少到±15 cm以内了。

直角锥棱镜阵列还是测定人造地球卫星的法宝。在我们头顶上飞行着大批的人造卫星，不少卫星上都载着直角锥棱镜阵列。

现在，科学家还把直角锥棱镜阵列装在卫星、导弹等上面，这样反射的激光原路返回，可以用来跟踪卫星、导弹的轨迹。

公路上的道路反光标志也应用了光线的“回光特性”，不过它不是由直角三棱镜组成，而是由交通标志基板和附着在上面的反光膜所组成，这层反光膜也叫做回归反光膜。

如图4所示，反光膜由透明保护层1、单层排列的玻璃微珠2、反射层3、胶合层4等组成。从远处射向反射膜的灯光，经玻璃微珠折射后会聚到它后面的反射面上，光就沿原方向返回，这样夜间行驶的汽车就可以用它自身的灯光，照到道路交通标志上，从逆向反射光中看清楚黑暗中的道路交通标志。回归反光膜不仅可用在道路交通标志上，它还可应用于广告宣传，可放在学生的书包、盲人的拐杖上，以保证交通安全。

图4

在科学的发展进程中，每一项简单的发现都推动着社会的进步，而社会的进步又推动着科学的发展，随着科学研究的不断深入，科学成就的应用领域将越来越广。

24 高科技将噪声变害为利

噪声已被公认为仅次于大气污染和水污染的第三大公害。在大城市中，人们深受噪声之苦。但是，世界上的事情总是千变万化，没有任何事情是绝对的。噪声也和其他事物一样，既有有害的一面，又有可以被人类利用、造福于人类的一面。许多科学家在噪声利用方面做了大量研究工作，获得许多新的突破，这些成果将是21世纪推出的新技术。不久的将来，恼人的噪声将会变成优美的新曲，造福于人类。

美妙动人的音乐能让人心旷神怡。为此，日本科学家采用现代高科技，将令人烦恼的噪声变成美妙悦耳的音乐。他们研究出一种新型“音响设备”，将家庭生活中的各种流水声如洗手、淘米、洗澡、洁具、水龙头等产生的噪声变成悦耳的协奏曲。这些嘈杂的水声既可以转变成悠扬的乐曲，也可以转变成溪流的潺潺声、树叶的沙沙声、虫鸟的鸣叫声和海浪的潮涌声等大自然的声音。

美国也研制出一种能吸收大城市噪声并将其转变为大自然“乐声”的合成器，它能将街市的嘈杂喧闹噪声变为大自然声响的“协奏曲”。英国科学家还研制出一种像电吹风声响的“白噪声”，它具有均匀覆盖其他外界噪声的效果。由此，科学家还生产出一种“宝宝催眠器”的产品，能使婴幼儿自然酣睡。

噪声是声波，所以它也是一种能量。例如鼓风机的噪声达140 dB时，其噪声具有1 kW的声功率。

广泛存在的噪声为科学家们开发噪声能源提供了广阔的前景。英国剑桥大学的专家们开始做利用噪声发电的尝试。他们设计了一种鼓膜式声波接收器，这种接收器与一个共鸣器连接在一起，放在噪声污染区，接收器接收到声能传到电转换器上时，就能将声能转变为电能。

美国研究人员发现，高能量的噪声可以使尘粒相聚成一体，尘粒体积增大，重量增加，沉降加速，便产生较好的除尘效果。根据这个原理，科学家们研制出一种2 kW功率的除尘器，它可发出声强160 dB，频率2 kHz的噪声，将它装在一个厚壁容器里，可获得较好的除尘效果。

在科学研究领域更为有意义的是利用噪声透视海底的方法。在20世纪初，人类才发明出声音接收器——声呐。那是在第一次世界大战时，为了防范潜水艇的袭击，人们使用了这种在水下的声波定位系统。现在声呐的应用已远远超出了军事目的。

最近科学家利用海洋里的噪声，如破碎的浪花、鱼类的游动、下雨、过往船只的扰动声等进行摄影，用声音作为摄影的“光源”。这实在令人感到奇怪，声音怎么能够用来拍照呢？美国斯克里普斯海洋研究所的专家们研制出一种“声音—日光”环境噪声成像系统，简称ADONIS，这个系统就有这种奇妙的摄影功能。虽然用ADONIS获得的图像分辨率较低，不能与光学照片相比，但在海水中，电磁辐射(包括可见光)十分容易被吸收，相比之下，声波要好得多，这样，利用声音摄影就成为取得深部海洋信息的有效方法。

1991年，美国科学家首先在太平洋海域做了实验，他们在海底安置了一个直径为1.2 m的抛物面状声波接收器，在其焦点处设置一水下听声器。这个抛物面对声音具有反射、聚焦的作用。他们又把一块贴有声音反射材料的长方形合成板作为摄像的目标，放在声音接收器的声束位置上，此时，接收器收到的噪声增加1倍。这一效果与他们事先的设计思想吻合，达到了预期的效果。然后他们又把目标放置在离接收器7 m～12 m的地方，结果是一样的。他们发现，摄像目标对某些频率的声波反射强烈，而对另一些反射较弱，有些甚至被吸收。这些不同频率声波的反射差异，正好对应为声音的“颜色”。据此，他们可以把反射的声波信号“翻译”成光学上的颜色，并用各种色彩表示。

噪声应用于农作物同样获得了令人惊讶的效果。科学家们发现，植物在受到声音的刺激后，气孔会张到最大，能吸收更多的二氧化碳和养分，加快光合作用，从而提高生长速度和产量。

有人曾经对生长中的西红柿进行试验，在经过30次100 dB的噪声刺激后，西红柿的产量提高近两倍，而且果实的个头也成倍增大，增产效果明显。另外，不同的植物对不同噪声的敏感程度不同，某些草类在噪声影响下可提前发芽，这样就可以在作物未生长之前，用药将草消灭掉。通过实验发现，水稻、大豆、黄瓜等农作物在噪声的作用下，都有不同程度的增产。

当在嘈杂声中迈进21世纪的时候，我们期待着未来是一个宁静的世界。随着环保科技的新发展，各种先进的消除噪声、变噪声为福音的新技术一定会不断涌现出来，现在正在试验中的各种先进技术，即将普及和发展，人类生活将越来越美好。

25 防弹玻璃为什么能防弹

从外表看，一块防弹玻璃和一块普通玻璃没什么两样。然而，这只是它们唯一的相似之处。一块普通玻璃，只要一颗子弹就能将其击碎。而防弹玻璃，根据玻璃厚度和射击武器的不同，可以抵挡一发到数发子弹的袭击。那么，是什么赋予了防弹玻璃抵御子弹的能力呢?

不同厂商生产的防弹玻璃各异。但基本上都是在普通的玻璃层中夹上聚碳酸酯材料层。分析防弹玻璃的结构，我们会发现一般的防弹玻璃都有以下三层结构。

承力层：该层首先承受冲击而破裂，一般采用厚度大、强度高的玻璃，能破坏弹头或改变弹头形状，使其失去继续前进的能力。

过渡层：该层能吸收部分冲击能，改变子弹前进方向。不仅能有效地防止枪弹射击，而且还具有抗浪涌冲击、抗爆、抗震和撞击后也不出现裂纹等性能。

安全防护层：这一层采用高强度玻璃或高强透明有机材料，有较好的弹性和韧性，能吸收绝大部分冲击能，并保证子弹不能穿过此层。

被射击过的防弹玻璃

防弹玻璃的防弹能力取决于玻璃的厚度。步枪子弹冲击玻璃的力度比手枪子弹要大得多，所以防御步枪子弹的防弹玻璃比仅仅防御手枪子弹的防弹玻璃要厚得多。

根据对人体防护程度的不同，防弹玻璃可分为两种类型，一种是生命安全型，另一种是安全型。生命安全型防弹玻璃在受到枪击后，子弹不能穿透玻璃，但玻璃的里侧有飞溅的碎渣，虽能保证人的生命安全，但可能对人体造成二次伤害；安全型防弹玻璃在受到枪击后，玻璃的里侧没有飞溅的碎渣，不对人体构成任何伤害。

还有一种单向防弹玻璃。它的一侧能够防御子弹，却不阻碍子弹从另一侧穿过，这就使得受到袭击的人能够进行回击。这种防弹玻璃是由一层脆性材料和一层韧性材料层压而成的。

可以想象一辆配备有这种单向防弹玻璃的小汽车，如果车外有人向车窗射击，子弹会先击中脆性材料层。冲击点附近区域的脆性材料会变得粉碎，并在大范围内吸收部分能量。韧性材料则吸收子弹剩余的能量，从而抵挡住子弹。从同一辆车中由内向外发射的子弹能够轻易地击穿玻璃。因为子弹的能量集中在一个小区域里，使得韧性材料外弹，继而又使得脆性材料向外破碎，从而让子弹击穿韧性材料，击中目标。

现代科技真是令人惊叹，原本脆弱的玻璃，经过特殊工艺的加工，居然连子弹对它都无能为力。

26 纳米是什么

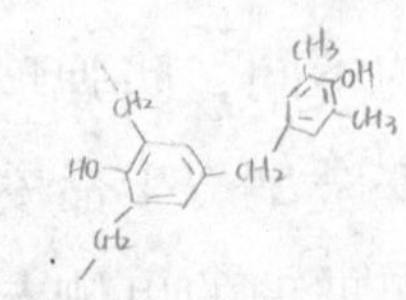

记得有首儿歌是这样唱的："星球大，纳米小，小小世界多奥妙。物质粉碎成纳米，性质面貌全变了：瓷器变得像橡皮，塑料坚硬如钢刀。所有物质都变样，上帝见了吓一跳。"歌中提到的"纳米"这个字眼，现在已频频出现在报纸、电视、网络之中。

人们不禁要问：纳米是什么？其实纳米是一个长度单位，1纳米等于0.000 001毫米，人的1根头发就有6万纳米那么粗，形象地说，如果将1纳米的物体放到乒乓球表面上，就像一个乒乓球放在地球上一样。纳米技术的研究范围为1纳米～100纳米，这个范围在科学研究上被称为纳米级。揭开纳米级的特性和规律，并利用这些特性制造高科技产品的技术即纳米技术。

对我们普通百姓来说，"纳米"似乎可望而不可即，仿佛还是一个十分遥远的梦。其实，医疗、涂料、食品、机械等行业都已广泛应用纳米技术，于细微处见神奇的纳米技术已悄悄地进入我们的生活，渗透到各个领域。

下面简单介绍一些日常生活中纳米技术的应用。

一、自己"洗脸"的纳米玻璃

目前，美国两大玻璃制造企业分别宣布，它们利用纳米技术研制了新型的"自净玻璃"，解决了令千家万户挠头的擦玻璃问题。新型玻璃会自动"洗脸"、"美容"，保持明净。

这种玻璃的神奇之处在于它穿上了40纳米厚的二氧化钛"外

套”，自净玻璃上的纳米膜在太阳光线中的紫外线照射下产生双重作用：其一是可以使太阳光中的紫外线分解落在玻璃上的有机污物，使有机污物消失；其二能使雨点或空气中的雾气变成一个薄层而使玻璃表面湿润，并洗掉玻璃表面的脏物。通常，这个涂层被光照“充电”5日后，夜间也能工作。

另外，在自洁的同时，这种纳米涂层还能不断分解甲醛、苯、氨气等有害气体，杀灭室内空气中的各种细菌和病毒，有效地净化空气，减少污染。

二、不用洗的纳米衣服

所有的纳米服饰都是将某种纳米级的微粒覆盖在纤维表面或镶嵌在纤维间，由于这种微粒十分微小且表面积大，在衣服表面会形成一个均匀的、厚度极薄的（用肉眼观察不到、手摸感觉不到）、间隙极小的雾状保护层。正是这种保护层的存在，使得常温下的水滴、油滴、尘埃、污渍甚至细菌都难以进入到布料内部而只能停留在布料表面，从而产生了防水防油防辐射的特殊效果。同时，由于形成保护层的微粒极其微小，几乎不会改变原布料的特性，如颜色、舒适度、透气性等。这样用纳米材料做成的衣服人们就不用洗了，而且这种衣服穿着很舒服。如果用这种材料做成红旗，那么即使在雨中也依然会高高飘扬。

三、医疗领域的健康卫士

纳米技术在医学上的应用给医生们带来很大的帮助，医生可以利用纳米技术来治疗一些奇怪的疾病，还能够利用它对一些先天性疾病进行治疗，使人类摆脱疾病的困扰。被医学家称为“纳米探针”的高科技产品，主要是用来检测某种抗生素药物是否能够与细菌结合，减弱或破坏细菌对人体的破坏能力，达到治疗疾病的目的。

四、神奇的纳米冰箱卡

生活中我们经常发现家中的冰箱用久了，冰箱内会产生一种异味，除去这种异味是件头痛的事，如果这时你在冰箱中插入一张小小的冰箱卡，就能起到除臭、抗菌的作用，这是多么令人兴奋啊！这种冰箱卡也是纳米技术的应用，纳米冰箱卡的保鲜原理是：纳米颗粒能对臭气起到选择性强吸收、强灭菌作用，可使冰箱快速除臭、杀菌。纳米冰箱卡可以做成如信用卡一样大小，并且可以重复使用，20分钟见效，可放在冰箱内任何部位，这比目前一切单一保鲜方式都优越。

五、节能的纳米饮水器

目前常用的饮水器中的发热材料还是传统的发热丝，随着时代的发展，这一材料已远远不能满足现代生活的需求，而纳米发热材料节能、健康、环保，代替传统发热丝势在必行。采用纳米发热材料做饮水发热设备，很好地解决了普通饮水机中出现的“反复烧开水”、“容易结水垢”等问题，使得饮水更健康、快速、节能。纳米饮水器中水流动加热，不结水垢，适合任何地域水质，取水多少随心所欲，不受时间限制，水瞬间升温，杀菌彻底，节能省电，且性能稳定，发热管的使用寿命在3万小时以上。另外纳米饮水器产品微型小巧，深受人们喜爱。

尽管我们现在很难感受到纳米技术的存在，但在不远的将来，大家会越来越感觉到人们的生活、工作都离不开纳米科技。2010年初美国前总统克林顿在美国加州理工学院的演讲中有三句话：第一句话是通过纳米技术的应用，可以制造出强度是钢的十倍、比重只有钢的一个零头的一种材料；第二句话是利用了纳米技术，可以把美国国会图书馆的资料放在一个方糖大小的小盒子内；第三句话是癌症一般都是到了中晚期才被发现，如果能在三四个癌细胞的时候就能发现并加以治疗，就能很容易治愈。这些实际上就是典型的纳米技术。这三句话非常形象地介绍了纳米是什么东西及其发展前景。

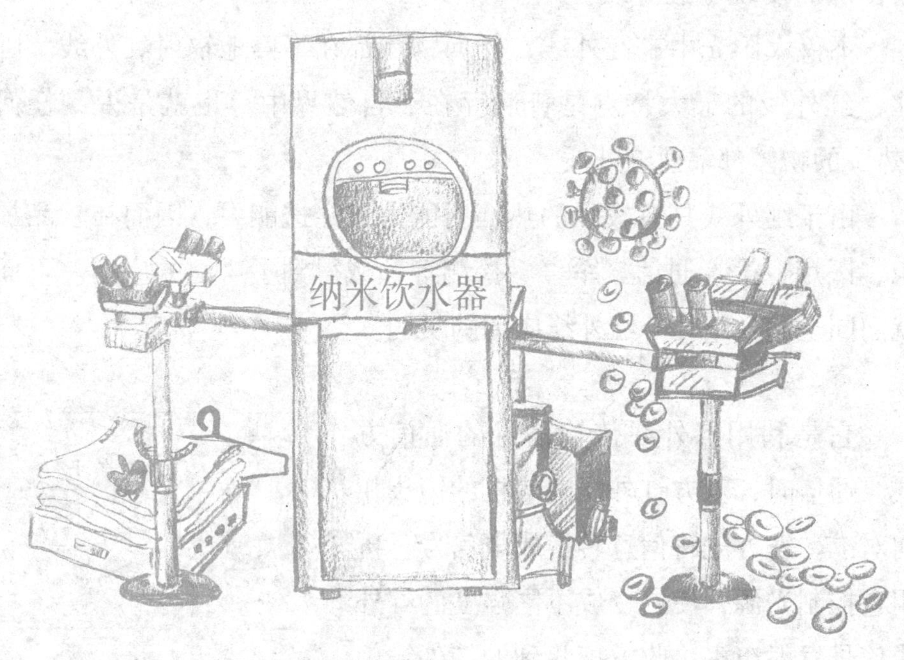

同学们，纳米技术够神奇吧！请大家讨论或上网查阅一下，生活中还有哪些物品也使用了纳米技术。

27 话说红外线

我们可以用三棱镜把太阳光（白光）分解为红、橙、黄、绿、蓝、靛、紫等单色光。我们知道，牛顿作出了单色光在性质上比白光更简单的著名论断，而在1800年4月24日，英国伦敦皇家学会的威廉·赫歇尔从热的观点来研究各色光，认为太阳光在可见光谱的红光之外还有一种不可见但具有热效应的延伸光谱，从而发现了红外线。

不仅太阳光中有红外线，任何物体都在不停地辐射红外线。因此，红外线的最大特点是普遍存在于自然界中。也就是说，任何“热”的物体都辐射红外线。

由于红外线具有较强的热辐射能力和穿透能力，因而在食品加工、医疗卫生、通信、军事、探测等领域得到了广泛的应用。下面就向同学们介绍几个红外线应用的实例。

一、红外线通信

它是利用红外线传输信息的通信方式。通信时，双方红外线通信机的镜头相向对准，发方先将信息转换成电信号，再用它控制光源，使之变成不同强度的红外线信号发射出去；收方把收到的红外线信号恢复成原信息。红外线通信具有保密性好、不易受干扰、设备简单的优点，但必须在可视距离内进行且易受到天气的影响。

红外通信

二、红外线辐射计

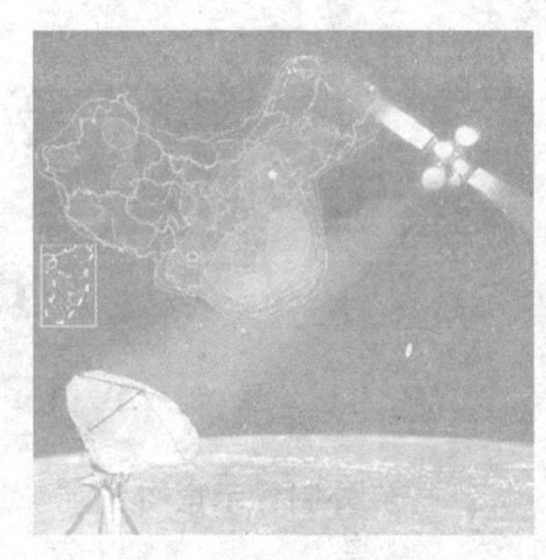
红外线辐射计示意图

在许多情况下，我们必须测量某处的温度，但是这些地方有时无法到达，如遥远的行星的表面等，这就需要借助红外线辐射计来测量。它是测量物体发射某些波段内的红外辐射量的遥感仪器，一般包括光学系统、探测器、放大器和输出指示器等。根据测得的红外辐射强度可推算物体的温度。

三、红外线扫描仪

红外线扫描仪

这是一种能成像的红外辐射计，一般应用于地球资源探测。它是在红外辐射计的基础上增设了扫描装置和一些诸如电光转换的部件。根据被测物体自身的红外辐射，借助扫描和遥感平台而形成二维红外图像，然后依据图像分析研究地球资源的分布、数量及消耗等情况。

四、红外线探测器

这是接收红外辐射并把它转换成便于测量的物理量的仪器。按结构分，它有由一个敏感元构成的单元探测器和由多个单元探测器组成的多元件阵列探测器两种。后者在宇宙空间普查和对延伸源细致分辨测量时，效率高于前者。红外线探测器的应用范围很广，在军事上更有重大价值。如飞机、导弹飞行时均有极高的温度，发出的红外线强度很大，利用红外线探测器在数百千米外即可遥测出这些物体。

红外线探测器

五、红外制导

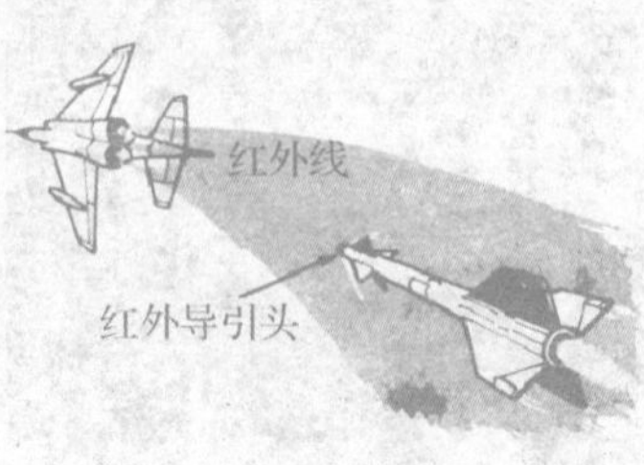

红外制导示意图

由于火箭和飞机发动机喷出的气流温度高，放出的红外线强，因而可以利用红外技术对导弹进行制导。导弹上的红外探测设备能接收目标的红外辐射，引导导弹击中目标。美国的“响尾蛇”导弹就是利用红外线制导的，其外形像一根细长的圆棒，全长2米多，能射击7千米以内的目标。

六、主动式红外夜视仪

主动式红外夜视仪具有成像清晰、制作简单等特点，但它的致命弱点是红外探照灯的红外光会被敌人的红外探测装置发现。20世纪60年代，美国首先研制出被动式的热像仪，它不发射红外光，不易被敌人发现，并具有透过雾、雨等进行观察的能力。

1991年的海湾战争，在风沙和硝烟弥漫的战场上，由于美军装备了先进的红外夜视器材，使得他们能够先于伊拉克军队的坦克而发现对方，并开炮射击，而伊军只是从美军坦克开炮时的炮口火光上才得知大敌在前。由此可以看出红外夜视器材在现代战争中的重要作用。

红外线在日常生活中还有很多其他的应用，例如生活中的高温杀菌，手机的红外接口，宾馆的房门卡，汽车、电视机的遥控器，洗手池的红外感应，饭店、银行门前的感应门等都用到了红外线。阅读这篇科普文章，可以使我们深刻感受到科学技术与我们的生活密切相关。红光的外侧有红外线，紫光的外侧则有紫外线，同学们想了解紫外线的产生原理及它的应用吗？你们可以上网或到图书馆查阅相关材料，相信你们会有不少收获！

28 超级计算机

1996年2月10日至17日，为纪念首台电脑诞生50周年，在美国费城举行了一项别开生面的国际象棋比赛：世界棋王卡斯帕罗夫对垒“深蓝”计算机。在这场人机对弈的6局比赛中，卡氏以4∶2战胜电脑，获得40万美元奖金。1997年5月，卡斯帕罗夫再次对垒运算速度提高一倍的“深蓝”计算机，“深蓝”以3.5∶2.5战胜卡斯帕罗夫。“深蓝”计算机是一台由国际商业机器公司（IBM）技术人员历经6年时间研制成功的带有31个处理器并行的超级计算机。该机有着高速计算的优势，首次比赛时，3分钟内可以检索500亿步棋。超级计算机通常是指由数百数千甚至更多的处理器（机）组成的、能计算普通个人计算机和服务器不能完成的大型复杂课题的计算机，是计算机中功能最强、运算速度最快、存储容量最大的一类计算机。

卡斯帕罗夫　　“深蓝”操作员

1996年：世界冠军卡斯帕罗夫—IBM的“深蓝”
（卡斯帕罗夫4∶2战胜电脑）

卡斯帕罗夫　　“深蓝”操作员

1997年：世界冠军卡斯帕罗夫—IBM的“深蓝”
（卡斯帕罗夫2.5∶3.5负于电脑）

从20世纪50年代开始，美国IBM公司就为美国国防部开发了运算速度达每秒67 000次的NORC超级计算机。到了1974年，美国利沃莫国家实验室的CDC STAR–100超级计算机就达到了每秒1亿次的运算速度,1985年的克雷–2超级计算机就达到了每秒390亿次的速度。1992年，英特尔推出Paragon超级计算机，它成为历史上第一台突破万亿次浮点计算屏障的超级计算机。进入2000年之后，超级计算机的竞争日渐激烈，日本和美国彼此成为最大的竞争对手。比如在2003年世界前十名的超级计算机名单中，日本的“地球模拟器”排在榜首，后面全是清一色的美国产超级计算机，而保持运算速度最快纪录的超级计算机则是日本NEC刚刚发布的SX–8，每秒运算速度高达65万亿次。目前，世界超级计算机的运算速度已达每秒千万亿次，并且人们还在紧锣密鼓地研制亿亿级（exascale，10的18次方）超级计算机。

处于信息技术前沿的超级计算机一直是一个国家的重要战略资源，多用于国家高科技领域和尖端技术研究，在国防领域可用于模拟核试验、飞行器设计、监听对方通讯系统、反导弹武器系统等，对国家安全、经济和社会发展具有举足轻重的意义，是国家科技发展水平和综合国力的重要标志。没有强大计算能力的超级计算机，宇宙飞船就不能上天，国家安全就做不到万无一失，基因研究就无法继续，复杂的气象、勘探工作就难以精确预测。正因为如此，长期以来，掌握超级计算机

银河–I 巨型机

领先技术的西方国家，对包括中国在内的发展中国家实行了严格的管制，严禁出口相关的高端技术和产品，绝不容忍这些国家的计算能力达到国际水平。如美国政府以国家安全为由，禁止向中国出口每秒1 900亿次以上的超级计算机系统。

为了突破技术封锁，我国科技工作者进行了长期不懈的努力，并在高端计算机系统研制方面取得了丰硕成果：1983年12月26日，第一台命名为“银河”的亿次巨型计算机在国防科技大学诞生。它的研制成功向全世界宣布：中国成了继美、日等国之后，能够独立设计和制造巨型机的国家。1992年，国防科技大学研制出银河－II通用并行巨型机，峰值速度达每秒10亿次，并应用于中期天气预报。1993年，国家智能计算机研究开发中心(后成立北京市曙光计算机公司)研制成功曙光一号全对称共享存储多处理机系统，这是国内首次以基于超大规模集成电路的通用微处理器芯片和标准UNIX操作系统设计开发的并行计算机。1997年，国防科技大学研制成功银河–III百亿次并行巨型计算机系统，参照计算机性能测试的标准(linpack)，其性能为每秒130亿次浮点运算。1997至1999年，曙光公司先后在市场上推出曙光1000 A、曙光2000–I、曙光2000–II超级服务器，峰值速度突破每秒1 000亿次浮点运算。2004年，由中科院计算所、曙光公司、上海超级计算中心三方共同研制的曙光4000 A实现了每秒10万亿次运算速度。2008年，联想集团研制的深腾7000是国内第一个实际性能突破每秒百万亿次的

“天河一号”千万亿次超级计算机系统

异构机群系统，Linpack 性能突破每秒106.5万亿次。2008年11月17日，第32次全球超级计算机五百强榜单上，中国研制的曙光5000 A百万亿次超级计算机位列第十名，前十名中的其余九名全部来自美国，其中有7台属于美国能源部，IBM打造的走鹃（Roadrunner）蝉联冠军，联想集团开发的深腾7000百万亿次超级计算机位居19位。这是在主要由美国占绝对垄断的全球超级计算机领域里，中国科学家取得的历史性突破。2009年10月29日，中国首台千万亿次超级计算机“天河一号”诞生。这台计算机每秒1 206万亿次的峰值速度和每秒563.1万亿次的Linpack实测性能，使中国成为继美国之后世界上第二个能够研制千万亿次超级计算机的国家。2010年11月15日，经过一年时间全面的系统升级后，“天河一号”实测运算速度可达每秒2 570万亿次，在第36次全球超级计算机五百强排名中夺魁。

我国在超级计算机研发方面的傲人成绩令人振奋，但是，对应超级计算机应用的相关专业学科领域——工业、流体力学、结构仿真、生命科学等的应用软件的自主研发能力不足，较多依赖进口，而国外对这些软件的出口往往采取限制措施，我国科学界和工业界尚未能很好地掌握运用超级计算机的能力。在超级计算机的应用环节，我们与美国等发达国家仍有不小的差距，因此，还需要读者朋友们一起来共同发展我国的超级计算机。

29 话说无人驾驶飞机

无人驾驶飞机是一种以无线电遥控或由自身程序控制为主的不载人飞机。它的研制成功和战场运用，揭开了以远距离攻击型智能化武器、信息化武器为主导的“非接触性战争”的新篇章。

无人驾驶飞机

与载人飞机相比，无人驾驶飞机具有体积小、造价低、使用方便、对作战环境要求低、战场生存能力较强等优点，备受世界各国军队的青睐。在几场局部战争中，无人驾驶飞机以其准确、高效和灵便的侦察、干扰、欺骗、搜索、校射及在非正规条件下作战等多种作战能力，发挥着显著的作用，并引发了层出不穷的军事学术、装备技术等相关问题的研究。它将与孕育中的武库舰、无人驾驶坦克、机器人士兵、计算机病毒武器、天基武器、激光武器等，一道成为21世纪陆战、海战、空战、天战舞台上的重要角色，对未来的军事斗争产生较为深远的影响。

无人驾驶飞机的前端

一些专家预言：未来的空战，将是具有隐身特性的无人驾驶飞行器与防空武器之间的作战。但是，由于无人驾驶飞机还是军事研究领域的新生事物，实战经验少，各项技术不够完善，使其作战应用还只局限于高空电子及照相侦察等有限技术，并未完全发挥出应有的巨大战场影响力和战斗力。因此，世界各主要军事国家都在加紧进行无人驾驶飞机的研制工作。根据实战的检验和未来作战的需要，无人驾驶飞机将在以下几个方面得到更快的发展。

一、作为靶机

这是无人机的最初用途，可用于地面防空和空中格斗武器的试验与训练。如美国诺斯罗普公司研制的MD2R5靶机，最大飞行高度达8 250米，可装红外曳光管和雷达信号。

无人驾驶飞机增强器还可带拖靶作为火炮和导弹的靶标。美国瑞安公司的BQM-34靶机飞行速度为1.5马赫，飞行高度达1.83万米，可用于模拟敌方战斗机。面对日益严重的反舰导弹的威胁，美国海军还开发了BQM-74C型掠海飞行无人机，用于评估舰载反导系统。

二、侦察监视

这也是无人机最早的用途之一。无人侦察机可以深入阵地前沿和敌后一二百公里，甚至更远的距离。它依靠装在机上的可见光照相机、电影摄影机、标准或微光电视摄像机、红外扫描器和雷达等设备，完成各种侦察和监视任务。一般来说，一架无人机可携带一种或几种侦察设备，按预定的程序或地面指令进行工作，最后将所获得的信息和图像随时传送回地面，供有关部门使用；也可以将获得的所有信息记录下来，待无人机回收时一次取用。随着高新技术的发展和应用，无人机上的设备性能也在不断提高，同时还增加了一些新的装备，应用范围进一步扩大。如装备全球定位系统（GPS）后，无人机可与侦察卫星和有人驾驶侦察机配合使用，形成

高、中、低空，多层次、多方位的立体空中侦察监视网，使所获得的情报信息更加准确可靠。

三、骗敌诱饵

使用无人机吸引敌方的火力或整个防空系统，进而将其破坏或摧毁，是近一二十年人们为无人机开发出的新用途。作为诱饵之用的无人机，其主要使命是协同其他电子侦察设备遂行诱骗侦察；或作为突防工具，为有人驾驶飞机提供防空压制；或与反辐射武器配合使用，压制和摧毁敌防空系统。为此，这种无人机与其他用途的无人机有所不同。为了提高作为诱饵的欺骗效果，常常要采取一些措施，如进行特殊设计，并装上适当的电子设备，使其与欲模拟的目标有相仿的机动能力和信号特征；安装角反射器等无源装置，增大无人机的雷达反射面积；安装射频放大设备，增强雷达反射信号。总之，就是千方百计让敌方容易发现它，吸引敌方的注意力。一般来说，在执行诱骗任务时，诱骗无人机先在前沿阵地上空模仿有人驾驶飞机作战术飞行，刺激或诱发敌防空武器系统中的雷达开机，然后己方侦察设备趁机完成侦察任务。用作突防工具时，无人机先于己方的攻击机群从侧面到达敌防空体系所保护的目标区，迷惑敌方雷达，消耗敌防空兵器。这些无人机由于采用了增大雷达反射截面积和信号强度等措施，具有很强的欺骗性。敌方的雷达将首先截获到这些假目标，但很难识别，导致把这些错误的情报传递到敌火控雷达系统和防空武器。这样，一方面可使敌防空雷达网在对付这些假目标上消耗大

用作诱饵的无人机

量时间，另一方面敌武器系统会对其开火或发射导弹，消耗敌防空火力，从而降低对己方攻击机的威胁。事实证明，诱饵无人机曾在几次局部战争中发挥了相当重要的作用。例如，在1973年的第四次中东战争中，以色列使用美国的“鹧鸪”式小型无人机作为诱饵，欺骗敌防空火力，掩护自己的飞机进攻。据介绍，曾有1架无人机诱使32枚“萨姆”导弹对其发射。随后，以军的F-4战斗机和A-4攻击机紧随其后，顺利完成了对埃及军队阵地的攻击任务。

四、实施干扰

无人机对敌系统进行干扰，使其通信中断，指挥失灵。目前发展的趋势是向干扰雷达和干扰通信同时进行方式发展。因为要想使敌方地域的所有雷达都受到完全干扰是不大可能的，那么未受干扰压制的雷达所获得的有关目标的信息，可以通过通信线路传送到已受干扰的雷达阵地上。所以，只有在干扰雷达时，同时对通信系统也予以干扰，才能使敌方高炮和导弹阵地无法得到所需要的情报信息。为此，一架无人机可同时装备两种或两种以上的干扰设备，根据需要灵活运用；也可使两种或多种不同用途的无人机或无人机与电子战飞机之间的协同作战。英国研制的“君主”系统，就是使用多架无人机，分别携带电子侦察设备、雷达干扰设备和通信干扰设备，飞临敌方阵地上空遂行电子战任务的一个综合系统。在光电对抗中，无人机的作用潜力也是十分引人注目的，它可以装备烟雾装置，瓦解敌方的光电制导武器的进攻；也可以装备闪光灯具，作为红外诱饵，引偏敌方的红外制导武器；还可以利用它机动灵活和滞空时间长的特点，把携带的曳光弹准确地投放到所需的位置上。

五、对地攻击

作为一种空中运载工具，无人机也能携带多种对地攻击武器，飞往前线或深入敌占区纵深，对地面军事目标进行打击；它可以用

对地攻击的无人机

空对地导弹或炸弹对敌防空武器实施压制；用反坦克导弹等对坦克或坦克群进行攻击；用集束炸弹等武器对地面部队集结点等进行轰炸。特别值得一提的是反辐射攻击无人机。这是一种利用敌方雷达辐射的电磁波信号，发现、跟踪以至最后摧毁雷达的武器系统。它不仅可用于攻击敌方雷达、干扰机和其他辐射源，而且高速反辐射无人机加装复合制导装置等设备后，还可用于攻击敌预警机和专用电子干扰飞机。美国的“勇敢者”200型和德国的KDAR就属于反雷达无人机。KDAR采用无尾、十字形机翼的布局形式，机翼还可折叠起来，放入一个6.1立方米的标准容器内。该容器既是储存和运输装置，又是发射装置，每个容器可装20架KDAR无人机。

六、校射作用

主要用于火力引导和对射击效果进行评估。美国洛克希德公司生产的“苍鹰”就是这样一种无人机。它装有测距机，能自动跟踪电视摄像机、激光指示器和热成像仪，可通过抗干扰的数据链向地面传送位置修正指令，能为“铜斑蛇”激光制导炮弹和机载“海尔法”反坦克导弹指示目标。

七、通信中继

美国的“先锋”式无人机装有抗干扰扩频通信设备、大功率固态放大器、甚高频全向和超高频无线电台中继设备等，可在C波段进行数据、信号、话音和图像通信，通信距离为185公里。无人机除了具备上述7种功能外，还有其他飞机所不具备的特长。一是费用低廉。无人机的造价通常在几万至几十万美元之间，与有人驾驶飞机相比，价格差距悬殊，相当于有人驾驶飞机的1/100～1/1 000。无人机操纵人员只需半年的常规培训，而培养一名有人驾驶飞机的飞行员，必须经过4年以上的专门培训，且耗资巨大。无人机执行与有人机相同的任务时，所耗燃料也相当少，通常只占有人机的1%。二是隐蔽性好，生存能力强。无人机的长度基本在10米以内，重量大多在1吨～2吨之间，因此，它在空中活动十分轻捷自如，各种探测器材很难发现它的行踪。三是使用简便，适应性好。无人机既可以近距离滑跑升空，也可以直接发射升空；既可以在公路上起飞，也可以在海滩、沙漠上起飞，因而可在前线广泛使用。无人机的回收也很方便，既可以用降落伞和拦阻网回收，也可以利用起落架、滑橇、机腹着陆。如加拿大的CL–227“哨兵”无人机还可以像直升机一样进行垂直起降。此外，无人机能适应各种环境，可以毫无顾忌地进出核生化武器的污染区，并可以在各种复杂气象条件下连续飞行。

不过，相对而言，无人战斗机也存在一定的劣势。例如，无人战斗机很容易受到干扰以及人员因素的影响；而且，无人战斗机的行动还存在滞后性，虽然无线电通信能够迅速传播，但在空战过程中反应时间也是至关重要的；此外，无人战斗机还存在单点失效性，一旦敌军摧毁了指挥中心，那么所有无人战斗机便会丧失效用。

后 记
Postscript

本书在编辑过程中，参阅了不少当代著述与期刊，撷取了很多珍贵的精神食粮，为读者打开了一片晴空，作者那充满智慧的文字定会在与读者的心灵碰撞中迸发闪光。

由于各种原因，未能及时与本书有些作品的作者、编者取得联系。本着对书稿质量的追求，又不忍将美文割爱，故冒昧地将文章选录书中。鉴于此，还请作者诸君谅解为盼，并请作者及时与编者联系，支取为您留备的稿酬。谢谢！

编 者